普通高等教育"十二五"规划教材

电子技术实验教程

主　编　马学文　李景宏
副主编　郑世才　迟德选

科学出版社
北京

内 容 简 介

本书是综合性电子技术实验教材,强调工程实用性,着眼于培养和提高学生的工程设计、实验调试及综合分析能力。全书共6章,包括实验仪器操作基础、Multisim 7仿真软件入门、模拟电子技术实验、模拟电子技术课程设计、数字电子技术实验、数字电子技术课程设计。

本书可作为工科院校的计算机类、电子类、自动化类、电气类等专业的本科生实验指导教材,同时也是本科生参加各类电子设计竞赛、毕业设计等极为有用的参考书。

图书在版编目(CIP)数据

电子技术实验教程/马学文,李景宏主编. —北京:科学出版社,2013.3
(普通高等教育"十二五"规划教材)
ISBN 978-7-03-036235-3

Ⅰ. ①电… Ⅱ. ①马…②李… Ⅲ. ①电子技术-实验-高等学校-教材
Ⅳ. ①TN-33

中国版本图书馆 CIP 数据核字(2012)第 305392 号

责任编辑:余 江 张丽花 / 责任校对:钟 洋
责任印制:阎 磊 / 封面设计:迷底书装

科 学 出 版 社 出版
北京东黄城根北街16号
邮政编码:100717
http://www.sciencep.com
北京市安泰印刷厂 印刷
科学出版社发行 各地新华书店经销
*
2013年3月第 一 版 开本:787×1092 1/16
2015年1月第二次印刷 印张:12
字数:296 000
定价:26.00元
(如有印装质量问题,我社负责调换)

前　言

本书是综合性电子技术实验教材，在编写的过程中参照了教育部颁布的"高等工业学校电子技术基础课程教学基本要求"。编写本书遵循的原则是适应当前对人才的需要，强化工程实践训练，培养学生的创新意识，提高学生的综合素质。本书的特点是重在实践，突出基础训练（含基本技能的培养）和设计型综合应用能力、创新能力、计算机应用能力的培养。选编的实验强调工程实用性，着眼于培养和提高学生的工程设计、实验调试及综合分析能力。在实验手段与方式上，既重视硬件调试能力的基本训练，又融入了 Multisim 软件的仿真，使学生学会用现代手段与传统方式结合的方法来分析、设计电路。在实验内容上，以设计型实验为主，每一个设计型实验都分为基本设计和扩展设计两部分，其中基本设计是学生必须完成的内容，而扩展设计则是选择完成的内容。这有利于提高不同层次学生的综合素质，为后续课程的学习、各类电子设计竞赛、毕业设计，乃至毕业后的工作打下良好的基础。

全书共 6 章。第 1 章为实验仪器操作基础，第 2 章为 Multisim 7 仿真软件入门，第 3 章为模拟电子技术实验，第 4 章为模拟电子技术课程设计，第 5 章为数字电子技术实验，第 6 章为数字电子技术课程设计。全书共含各类实验 28 个，课程设计 10 个。

本书由马学文、李景宏主编，郑世才、迟德选为副主编，杨华参编。第 1 章及附录 C 由迟德选编写；附录 A 由郑世才编写；第 2、3、4 章由李景宏编写；第 5、6 章及附录 B 由马学文编写；郑世才参加了第 5 章的部分编写工作；杨华参加了第 3 章的部分编写工作。

在本书编写过程中得到了东北大学电子技术实验室许多老师的大力帮助，在此表示诚挚的谢意。

限于编者水平和编写时间仓促，书中难免有不妥之处，敬请读者不吝指正。

编　者

2012 年 12 月

目　录

前言

第 1 章　实验仪器操作基础 ··· 1

1.1　数字存储示波器基本功能介绍 ··· 1

1.2　GFG-8026H 函数信号发生器 ··· 10

1.3　SFG-1000 函数信号发生器 ·· 11

1.4　YB2172 数字交流毫伏表 ··· 13

1.5　SM1000 系列数字交流毫伏表 ·· 13

第 2 章　Multisim 7 仿真软件入门 ·· 16

2.1　概述 ·· 16

2.2　Multisim 7 基本界面 ··· 16

2.3　Multisim 7 的元器件 ·· 23

2.4　虚拟仪器的使用 ·· 26

2.5　建立电路原理图 ·· 35

2.6　Multisim 7 的分析功能简介 ··· 45

第 3 章　模拟电子技术实验 ··· 51

实验 1　晶体管放大器（一）··· 51

实验 2　晶体管放大器（二）··· 53

实验 3　场效应管放大器 ·· 57

实验 4　功率放大电路 ·· 60

实验 5　差动式放大器 ·· 64

实验 6　集成运算放大器指标测试 ······································· 66

实验 7　负反馈放大器 ·· 69

实验 8　基本运算电路 ·· 73

实验 9　有源滤波器 ·· 77

实验 10　电压比较器 ·· 80

实验 11　正弦波振荡电路 ·· 82

实验 12　方波-三角波发生器 ·· 85

实验 13　集成稳压器 ·· 86

第 4 章　模拟电子技术课程设计 ··· 90

课程设计 1　低频放大电路的设计 ······································· 90

课程设计 2　压控振荡器 ·· 92

课程设计 3　光电报警器 ·· 94

课程设计 4　温度测量、显示与报警系统 ··························· 95

第 5 章　数字电子技术实验 ··· 99

实验 1　集成与非门的参数测试 ··· 99

实验 2　集成逻辑门及其应用 ·· 102

实验 3　三态门和集电极开路门 ·· 105

实验 4　加法器及译码显示电路 ·· 108

实验 5　数据选择器和译码器 ·· 110

实验 6　触发器及其应用 ··· 112

实验 7　计数器及其应用 ··· 116

实验 8　计数、译码和显示电路 ·· 119

实验 9　计数器、数值比较器和译码器 ··· 121

实验 10　控制器和寄存器 ·· 124

实验 11　多谐振荡器及单稳态触发器 ··· 127

实验 12　随机存储器 ··· 129

实验 13　D/A 与 A/D 转换器 ·· 133

实验 14　通用阵列逻辑 GAL 实现基本电路的设计 ··· 137

实验 15　GAL 实现全加器和十六进制七段显示译码器 ··· 141

第 6 章　数字电子技术课程设计 ·· 144

　　课程设计 1　交通灯定时控制系统 ·· 144

　　课程设计 2　数字电子钟 ··· 147

　　课程设计 3　数字电子秤 ··· 151

　　课程设计 4　数字频率计 ··· 152

　　课程设计 5　公用电话计时器 ··· 155

　　课程设计 6　数字抢答器 ··· 158

附录 A　电子技术综合实验箱的介绍与基本操作 ·· 161

附录 B　常用电子元器件的识别与简单测试 ·· 164

附录 C　常用芯片的识别与引脚排列 ··· 179

参考文献 ·· 185

第 1 章　实验仪器操作基础

1.1　数字存储示波器基本功能介绍

数字存储示波器具有触发、采集、缩放、定位测量、多次储存、连接打印机和计算机软件制图等多种功能。主要有双通道液晶显示数字存储示波器，四通道彩色数字存储示波器。利用数字存储示波器可以检测各种物理量，如声音、机械应力、压力、光、热等，能完成各种信号的监测记录。学会使用数字存储示波器与一些基本测量仪器是理工科大学生应具备的基本能力。在电子实验课之前，先介绍一下示波器的基本功能和使用方法。

1. 32TDS1002 双通道数字存储示波器的简单介绍

1）数字存储示波器前面板旋钮与按键的分布

根据面板上的旋钮和按键的标识，先对旋钮与按键的布局作简单的说明。前面板被分成几个易操作的功能区，用线条或线框划分，提供了有关控制功能的标识提示，以不同的区域风格来区分。屏幕的右边有五根横线，分别对应着五个未标记的机动按钮。面板右侧显示信息操作提示，按下对应的按钮，整个屏幕显示当前最后一次操作的信息提示。图 1-1 是32TDS1002 双通道示波器的前面板图。

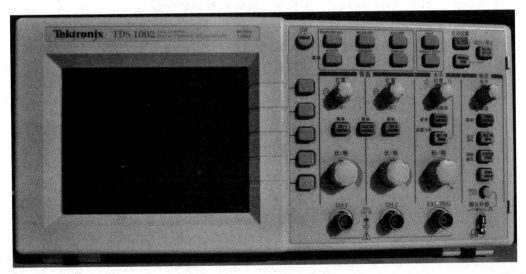

图 1-1　数字存储示波器前面板图

2）显示区域

数字存储示波器的顶板左上部有一个电源按键，按下此键后示波器通电，数字存储示波器的液晶屏幕片刻被点亮。此时如果示波器处在测量状态下，信号幅值在 mV 范围内，液晶屏幕区域内会显示随机感应的不规则的杂波。在正式测量信号时，示波器的探头应按照规定接在被测量端，被调整合适幅值和时基后的示波器应该能显示输入信号的波形，同时在屏幕上不同的位置显示关于示波器控制设置的详细信息。除显示波形外，显示屏幕上还含有关于波形和示波器控制设置的详细信息。对照图 1-2 说明如下。

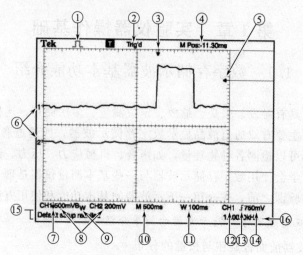

图 1-2　示波器屏幕提供显示信息位置

① 采集模式。包括：取样模式；峰值检测模式；均值模式等。

② 触发状态显示。包括：☐已配备；Ⓡ准备就绪；Ⓣ已触发；●停止；◯采集完成；Ⓐ自动测量；Ⓢ扫描信号。

③ 显示水平触发位置。旋转"水平位置"旋钮调整标记位置。

④ 显示中心刻度线的时间。触发时间为零。

⑤ 显示"边沿"脉冲宽度触发电平，或选定的视频线或场。

⑥ 表明显示波形的接地参考点。如没有标记，不会显示通道。

⑦ 箭头图标表示波形是反相的。

⑧ 显示通道的垂直刻度系数。

⑨ Bw 图标表示通道是带宽限制的。

⑩ 显示主时基设置。

⑪ 显示窗口时基设置。

⑫ 显示触发使用的触发源。

⑬ 显示"帮助向导"信息。如上升沿触发、下降沿触发、视频触发等。

⑭ 表示"边沿"脉冲宽度触发电平。

⑮ 显示有用信息。调出某个储存的波形读数，就显示基准波形信息，如 REFA 1.00V 500μs 等。

⑯ 显示触发频率。

3）使用菜单系统

数字存储示波器的用户界面设计用于通过菜单结构方便地访问特殊功能。按下前面板上的某一按钮，示波器将在显示屏的右侧显示相应的菜单。该显示菜单对应面板左侧有一列未标记的按钮，根据菜单提示按下相应的选项按钮可实现选择项目的功能。（在某些文档中，选项按钮可能也指显示屏按钮、侧菜单按钮、bezel 钮或软键）。通常使用示波器有以下 4 种方法显示菜单选项：

（1）子菜单选择。对于某些菜单，可使用面板上部的选项按钮来选择两个或三个子菜单。每次按下某个按钮时，选项显示提示都会随之改变。例如，按下"保存/调出"（SAVE/RECALL）按钮，然后按下菜单对应的顶端选项按钮，示波器的菜单显示将在"设置"和"波形"间进行切换，如图 1-3（a）所示。

（2）循环列表选择。每次按下这类选项按钮时，示波器都会将参数设定为不同的值。例如，可按下"CH1 菜单"按钮，然后按下耦合对应的顶端选项按钮，那么"耦合"方式将在直流、交流、接地之间进行选项切换，如图 1-3（b）所示。

（3）动作选择。当按下"动作选项"按钮时，示波器显示会立即给出动作选项的类型。例如，按下"显示菜单"（Display）按钮，然后再按下"对比度增加"对应的选项按钮，这时示波器屏幕会立即改变对比度的显示深度，如图 1-3（c）所示。

（4）单选钮选择。示波器为区分每一选项的内容，使用不同的显示环境提示。每个当前选择的选项被加亮为黑色衬底显示文字。例如，当按下"采集菜单"（Acquire）按钮时，示波器会显示不同的采集模式选项。要选择某个选项，可按下相应按钮，相应的选项被加亮，如图 1-3（d）所示。

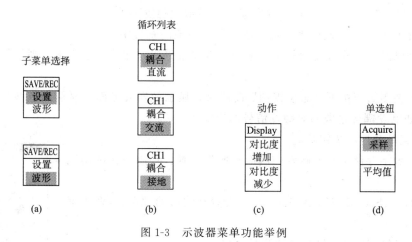

图 1-3　示波器菜单功能举例

4）垂直面板操作功能

CH1，CH2，游标 1 及游标 2 位置可确定垂直与水平定位。当使用光标时，旁边 LED 指示灯变亮，在这种状态下旋转位置旋钮，光标定位移动有效。

CH1，CH2，显示垂直通道的菜单选择项，并打开或关闭对通道波形显示。

其中，伏特/格是选择标定的 Y 轴刻度系数。还有显示数学运算波形，并可用于打开和关闭控制选项功能的其他子菜单，垂直面板操作如图 1-4 所示。

5）水平面板操作功能

（1）位置。调整所有通道和数学波形的水平位置。水平控制的分辨率随时基设置的不同而改变。要对水平位置进行大幅调整，可旋动调整秒/格的旋钮更改水平刻度的

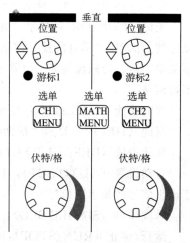

图 1-4　垂直控制面板操作位置

图 1-5 水平控制
面板操作位置

读数，在使用水平控制改变波形时，水平位置读数表示屏幕中心位置处所表示的时间（将触发时间作为零）。

（2）水平菜单。显示"水平菜单"的选项，继续操作测量可选择对应按钮。

（3）设置为零。将水平位置从任意处移到 X 轴的中心定义为零。

（4）秒/格为主时基或窗口时基选择水平的时间/格（刻度系数）。如"窗口区"被激活，通过更改窗口时基可以改变窗口宽度。水平面板操作如图 1-5 所示。

6）使用触发菜单系统

（1）"电平"和"用户选择"。使用边沿触发时，"电平"旋钮的基本功能是设置电平幅度，信号必须高于它才能进行采集。还可使用此旋钮执行"用户选择"的其他功能。旋钮下的 LED 发亮以指示相应功能，设置触发电平面板操作如图 1-6 所示。

（2）触发菜单。显示"触发菜单"。

（3）设置为 50%。触发电平设置为触发信号峰值的垂直中点。

（4）强制触发。不管触发信号是否适当，都完成采集。如采集已停止，则该按钮不产生影响。

（5）触发视图。当按下"触发视图"按钮时，显示触发波形而不显示通道波形。可用此按钮查看诸如触发耦合之类的对触发信号的影响。

7）使用菜单和控制按钮功能

图 1-7 为数字存储示波器触发控制面板操作位置，控制按钮的功能如下：

保存/调出（SAVE/RECALL）：显示设置和波形的"保存/调出菜单"。

测量（MEASURE）：显示自动测量菜单。

采集（ACQUIRE）：显示"采集菜单"。

显示（DISPLAY）：显示"显示菜单"。

光标（CURSOR）：显示"光标菜单"。当显示"光标菜单"并且光标被激活时，"垂直位置"控制方式可以调整光标的位置。离开"光标菜单"后，光标保持显示（除非"类型"选项设置为"关闭"），但不可调整。

辅助功能（UTILITY）：显示"辅助功能菜单"。

帮助（HELP）：显示"帮助菜单"。

默认设置（DEFAULT SETUP）：自动调出厂家出厂设置。

自动设置（AUTO SET）：自动设置示波器控制状态，以产生适用于输出信号的显示图形。

图 1-6 触发控制
面板操作位置

单次序列（SINGLE SEQ）：采集单个波形，然后停止。

运行/停止（RUN/STOP）：连续采集波形或停止采集。

打印（PRINT）：开始打印操作。要求有适用于 Centronics、RS-232 或 GPIB 端口的扩

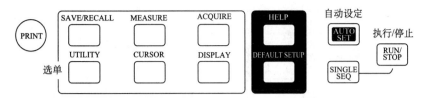

图 1-7　数字存储示波器触发控制面板操作位置

充模块。

8）简单测量

（1）测量单个信号。将通道 1 探头设定为 10X，按下 CH1 菜单按键，将探头与信号连接，按下自动设置按键，示波器自动设置垂直、水平和触发控制。示波器根据检测到的信号进行模数转换和一些相应的处理，在显示屏幕上自动显示测量波形和数据。使用时也可选择 DEFAULT SETUP 按键，然后再用其他的按键和自动设置完成测量。也可手动调整设置控制。

（2）自动测量。示波器可自动测量大多数显示出来的信号。要测量信号的频率、周期、峰-峰值、上升时间以及正频宽，可按下 MEASURE 按钮，查看"测量菜单"。具体操作步骤如下：

① 按下顶部的选项按钮；显示"测量 1 菜单"。

② 按下类型选项按钮，选择频率。值读数将显示测量结果及更新信息。

③ 按下返回选项按钮。

④ 按下顶部第二个选项按钮，显示"测量 2 菜单"。

⑤ 按下类型选项按钮，选择周期。值读数将显示测量结果及更新信息。

⑥ 按下返回选项按钮。

⑦ 按下中间的选项按钮，显示"测量 3 菜单"。

⑧ 按下类型选项按钮，选择峰-峰值。值读数将显示测量结果及更新信息。

⑨ 按下返回选项按钮。

⑩ 按下底部倒数第二个选项按钮，显示"测量 4 菜单"。

⑪ 按下类型选项按钮，选择上升时间。值读数将显示测量结果及更新信息。

⑫ 按下返回选项按钮。

⑬ 按下底部的选项按钮，显示"测量 5 菜单"。

⑭ 按下类型选项按钮，选择正频宽。值读数将显示测量结果及更新信息。

⑮ 按下返回选项按钮。测量方波结果见图 1-8 中右侧 5 项信息提示。

（3）测量两个信号。假设正在测试音频放大器的增益。需要测量音频发生器的输入端和音频放大器输出端，测量操作时可将示波器的两个通道的探头分别接在被测试信号的连接处，接地端统一接地，适当地调整触发位置可见到两个稳定波形为止。根据两个信号电平数据的测量结果，可以计算出放大器增益的大小。测量时要激活并显示连接到通道 1 和通道 2 的信号，可按如下步骤进行：

① 如果未显示通道，可按下 CH1 菜单和 CH2 菜单按钮使屏幕出现两条曲线。

② 按下自动设置按钮。

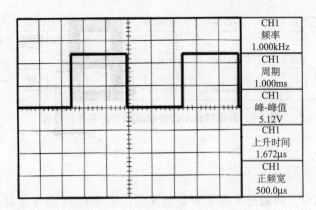

图 1-8 屏幕显示测量波形信息

要选择两个通道进行测量，可执行以下步骤：

① 按下测量按钮查看"测量菜单"。

② 按下顶部的选项按钮，显示"测量 1 菜单"。

③ 按下信源选项按钮，选择 CH1。

④ 按下类型选项按钮，选择峰-峰值。

⑤ 按下返回选项按钮。

⑥ 按下顶部第二个选项按钮，显示"测量 2 菜单"。

⑦ 按下信源选项按钮，选择 CH2。

⑧ 按下类型选项按钮，选择峰-峰值。

⑨ 按下返回选项按钮。读取两个通道的峰-峰值。

⑩ 要计算放大器电压增益，可使用以下公式：

$$电压增益＝输出幅值/输入幅值$$

$$电压增益（dB）＝20×lg（电压增益）$$

实际测量电路及波形如图 1-9 所示。

（4）存储和调出。数字存储示波器具有存储测量波形和调出测量波形的功能，操作方法是按照键名按下存储和调出按钮，能够实现存储或调出测量波形的设值与波形的再现。具体操作根据面板 SAVE/RECALL 的键功能，按下后显示功能提示菜单，提示功能注解如下：

设置功能：显示用于存储和调出设置的菜单选项。

设置记忆：设置存储内容到指定的 1～10 位置中的储存器内。

存储：当按下"存储/调出"按钮后，再按下第一个菜单选项按钮选中"波形"，再按一下第四个菜单选项按钮选中"存储"，即可完成当前屏幕显示波形的保存。

调出：当按下"存储/调出"按钮后，再按下第一个菜单选项按钮选中"波形"，再选最下面的菜单选项按钮，看到切换"开启"项后屏幕显示最后一次存入的波形。而对于波形的存储和调出，首先应确定信号源 CH1、CH2 及参考位置 Ref A 或 B，波形被存入后，由最下面的菜单选项按钮切换子菜单中的关闭和开启，并控制存入波形的消失和显示。

2. TDS1000C-EDU 型彩色数字存储示波器的简单介绍

TDS2000C 和 TDS1000C-EDU 型示波器是彩色数字存储示波器，彩色示波器与黑白屏

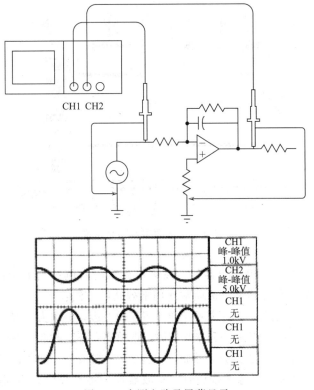

图 1-9 实测电路及屏幕显示

示波器的使用方法相似，彩色示波器增加了一些新的功能，如软件极限测试、模板测试、8小时记录、USB 接口、LABVIEW 软件及 PCB 制图软件等功能。下面根据图 1-10 所示的前面板的操作简单说明。

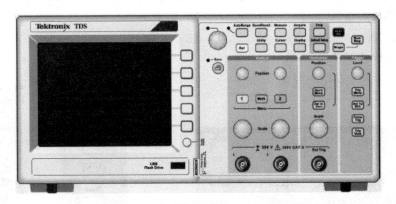

图 1-10 彩色 2 通道示波器 TDS1000C-EDU 前面板图

1）显示区域

显示屏幕上还含有关于波形和示波器控制设置的详细信息，如图 1-11 所示，其中信息标号①～⑮与黑白数字存储示波器相同，⑯显示日期和时间，⑰显示触发频率。

2）使用菜单系统

菜单按钮在屏幕的右侧一列五个键，每个键对应屏幕的一行提示。按下前面板的按钮，

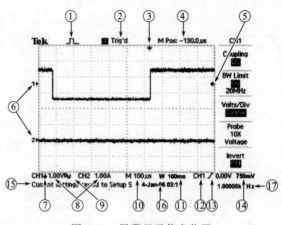

图 1-11 屏幕显示信息位置

示波器将在屏幕的右侧显示相应的菜单。该菜单显示的右侧一列五个键直接按下某个按钮时，可用于确定选项。示波器菜单选项常使用下列几种方法：

（1）页面（子菜单）选择。对于某些菜单，可使用上边第一个为顶端选项按钮，用这个按钮来选择两个或三个子菜单。每次按下顶端按钮时，选项都会随之改变。例如，按下"触发"菜单中的顶部按钮时，示波器显示类型会循环显示"边沿"、"视频"、"脉冲宽度"的触发子菜单。

（2）循环列表。每次按下选项按钮时，示波器都会将参数设为不同的值。例如，按下 1（通道 1 菜单）按钮，然后按下顶端的选项按钮，即可在"垂直（通道）耦合"各选项间切换。有些列表，可以和多用途旋钮配合来选择选项。使用多用途旋钮时，提示行会出现提示信息，并且当旋钮处于活动状态时，多用途旋钮附近的 LED 变亮。

（3）单选按钮。示波器的每一选项都使用不同的按钮。当前选择的选项高亮显示。例如，按下 Acquire（采集）菜单按钮时，示波器会显示不同的采集方式选项。要选择某个选项，可按下相应的按钮。

3）垂直控制

垂直面板操作如图 1-12 所示。

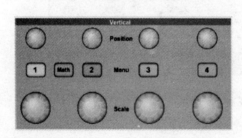

图 1-12　4 通道或 2 通道垂直位置选择

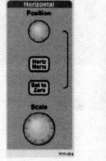

图 1-13　2 通道水平位置选择

位置：可垂直定位波形。

1，2，3，4 菜单：显示"垂直"菜单选择项并打开或关闭波形显示。

标度：选择垂直刻度系数。

数学：显示波形数学运算菜单，并打开和关闭对数学波形的显示。

4）水平控制

选择操作见水平面板如图 1-13 所示。

位置：调整所有的通道和数学波形的水平位置。这一控制的分辨率随时基设置的不同而改变显示状态。

水平：显示 Horiz Menu（水平菜单）。

设置为零：将水平位置设置为零。

标度：为主时基或视窗时基选择水平的时间/分度（刻度系数）。如果"视窗设定"已启用，则通过更改视窗时基可以改变视窗宽度。

5）"触发"控制

设置触发电平面板操作如图 1-14 所示。

位置：使用边沿触发或脉冲触发时，"位置"旋钮设置采集波形时信号所必须越过的幅值电平。

触发菜单：显示 Trig Menu（触发菜单）。

设为 50%：触发电平设置为触发信号峰值的垂直中点。

强制触发：不管触发信号是否适当，都完成采集。如采集已停止，则该按钮不产生影响。

图 1-14　2 通道触发位置选择

触发视图：按下 Trig View 按钮时，显示触发波形而不是通道波形。可用此按钮查看触发设置对触发信号的影响，如触发耦合。

6）菜单和控制按钮

图 1-15 显示了数字存储示波器触发控制面板操作位置，这些菜单和按钮控制信息要和屏幕反馈构成交互式使用方式，这里不作介绍。

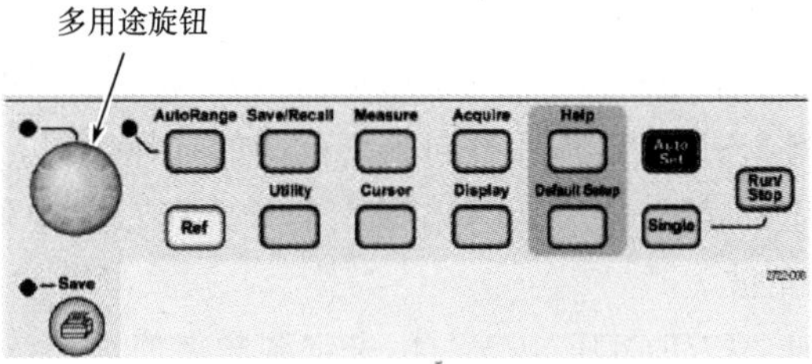

图 1-15　菜单按钮位置选择

7）多用途旋钮

通过显示的菜单或选定的菜单选项来确定功能。激活时，相邻的 LED 变亮。

8）前面板 USB 闪存驱动器端口

插入 USB 闪存驱动器以存储数据或检索数据。示波器显示时钟符号以显示闪存驱动器激活的时间。存储或检索文件后，示波器将删除该符号并显示一行信息，通知您存储或调出操作已完成。

1.2 GFG-8026H 函数信号发生器

GFG-8016H/26H 函数信号发生器能产生正弦波、方波、三角波、斜波、脉冲波等信号，频率可高达 2MHz。普遍应用于音频响应测试，震动测试，超音波测试等方面。

1. 控制面板编号旋钮功能说明

图 1-16 为函数信号发生器 GFG-8026H 产品图片，系列产品中面板有些区别，前面板的各个按键、旋钮位置有些变化，但基本功能相同或者说类似，这里仅参考这张图片介绍功能和操作。

图 1-16　函数信号发生器 GFG-8026H

（1）开关"Power"键：按下后整机接通电源开始工作。

（2）左边是"GAIT"指示灯：电源开关按下后，此指示灯就开始闪动。

（3）左边是"OVER"指示灯：外部计数时，频率大于计数范围此灯会亮。

（4）LED 数码显示测量出的外部频率。

（5）数码管的右边有 3 个指示灯，分别为 M \ k \ m 显示频率的单位。

（6）电源开关的右侧 2～7 键是各种不同频率范围的选择按键。

（7）波形选择功能开关（FUNCTION）有 3 个开关在右边排列。分别为～正弦波、方波（占空比可调节）、三角波。

（8）频率微调大旋钮"FREQUENCY"用来细调频率值。

（9）面板上标有"DUTY"、"OFFSET"、"AMPL"三个旋钮，一般放在逆时针旋到头的位置，需要时再重新调节。

（10）"ATT"标识中包含 -20dBm 和 -40dBm 两个按钮，按下 -20dBm 信号衰减 10 倍，按下 -40dBm 信号衰减 100 倍，两个旋钮同时按下信号衰减 1000 倍。

（11）标识"Main Output"为主要信号输出探头。

（12）"AMPL"旋钮主要是调节输出信号大小的，顺时针旋转增大，逆时针旋转减小。

2. 操作说明举例

使用函数信号发生器 GFG-8026H 能够提供不同类型的信号，用示波器观察可以看到规范的不同波形，例如，在做模拟实验时需要交流信号频率为 $f=1000$Hz，有效值为 5mV 的正弦波，其具体操作步骤如下。

（1）按下蓝色开关"Power"电源开关。

（2）输入频率。进行输入频率的操作过程：选择正弦波键按一下；选择 1kHz 键按一下；观察数码屏数值，调节频率微调旋钮，小范围地改变频率，使频率显示为 $f=1000$Hz。

（3）同时按下－20dBm 和－40dBm 按键（即把内部信号衰减 1000 倍）。输出信号连接到毫伏表上，观察毫伏表的读数调节"AMPL"旋钮停在 5mV 时为止，为了准确 5mV 稍微停留一会再调准结束。

（4）输入信号调好后，函数信号发生器的探头输出信号已经为 $f=1000$Hz，有效值为 5mV。把这个信号接到放大器输入端的操作方法是：黑色的鳄鱼夹接地，红色的鳄鱼夹接到实验电路的输入端上。

1.3　SFG-1000 函数信号发生器

SFG-1000 函数信号发生器采用了最新的数字合成（DDS）技术，解决了一系列传统信号发生器所遇到的一些问题。如电阻、电容元件的温度变化产生影响输出频率的精度和分辨率等。图 1-17 是 SFG-1000 函数信号发生器的面板图。

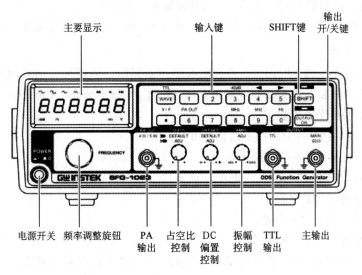

图 1-17　SFG-1000 函数发生器面板标识

1. 控制面板键功能及各键的使用说明

图 1-17 中标识出各个部件的名称，输入键包括 12 个键，各键的定义在键面上有提示，符号波形键在输入键面板的左上角，其他各键可以按照键面上的标示去识别。

1）按键功能

波形键：选择正弦波、方波、三角波，重复按下此键就会显示相应的波形。

产生 TTL：按下 shift 键，再按下 wave 键，TTL 指示灯将会出现在显示屏上。

数字键 10 个：输入频率数值。

频率调整选择：由 shift 键配合频率单位 MHz，kHz，Hz，对应输入需要频率的数据，然后由频率微调旋钮细调频率数据。

光标选择：编辑频率移动光标。由 shift 键配合，左右移动光标，改变频率数字位置。

－40dB 衰减（SFG-1013/1023）：调节衰减振幅为－40dB，然后由幅值调节旋钮手动调到需要的数值。

频率/电压显示选择（SFG-1013/1023）：在频率和电压幅值之间切换显示信息，重复操作返回至频率显示。

shift 键与 LED 指示灯：选择输入键的第二功能由 shift 键和 LED 指示灯配合，当按下 shift 键时上边的 LED 灯会亮。此时提示一些功能键上边的蓝色字标定功能选择有效。

2）旋钮功能

振幅控制旋钮：AMP 旋钮是设定正弦波、方波、三角波时的信号幅值调节，对于精确小信号需要仔细地观察显示调整它。对于（SFG-1013/形）此旋钮有推拉功能，拉起此旋钮可将振幅衰减－40dB，即幅值衰减 100 倍。

DC 偏置控制旋钮：此旋钮有推拉功能，拉起此旋钮可设置正弦波、方波、三角波时的直流偏压范围，逆时针旋转（减少），顺时针旋转（增加），加 50Ω 负载时，范围在－5～＋5V调整。

占空比控制旋钮：此旋钮有推拉功能，拉起此旋钮可在 25°～75°范围调整正弦波、方波或 TTL 的 Duty。逆时针旋转（减少），顺时针旋转（增加）。

电源开关：整机电源开关，切换电源接通和断 On/Off；按进去接通电源，按出来切断供电。

2. 操作说明举例

使用函数信号发生器 SFG-1000 系列能够提供不同类型的信号，用示波器观察可以看到规范的不同波形，又如，在做模拟实验时需要交流信号频率为 $f=1500$Hz，有效值为 5mV 的正弦波，其具体操作步骤如下。

（1）电源开关（POWER）按下后整机开始工作。

（2）输入频率。输入频率的操作步骤：

① 按下"WAVE"波形键，再选择正弦波"～"键按一下。

② 输入数字按下"1"键。

③ 输入小数点按下"·"键。

④ 输入数字按下"5"键。

⑤ 最后按一下 shift 键赋予数值单位，此时"9"键上边标定的蓝色字"kHz"功能有效，按一下"9"键"kHz"字母被输入到显示屏上，在数字后边显示频率单位。

⑥ 观察屏幕指示数值显示是 1.500kHz，即完成了频率输入设定。如需要小范围地改变频率时可根据需要调整频率微调旋钮。

（3）频率调好后，接着是输入信号的数值，函数信号发生器 SFG-1000 显示信号的峰-峰值数，5mV 信号的峰-峰值是 14.14mV。下面是输入 14.14mV 信号值的操作。

① 用上档键"shift"来切换频率与电压转换显示按键"·"。上标"V/F"功能。每按一下上档键"shift"，对应的"V/F"功能就切换一次。

② 确认切换到电压显示上以后，再按一下"3"键，即选择上档功能的－40dB 衰减。

③ 用调节输出"AMP"旋钮从逆时针方向开始调整，观测显示屏为 14.14mV 为止，这就是 5mV 信号的峰-峰值，也就是需要的输入信号。

④ 调好后探头输出信号已经满足 $f=1500$Hz，有效值为 5mV。这个信号要接到放大器的输入端。操作方法是黑色的鳄鱼夹接地，红色的鳄鱼夹连接到实验电路的输入端上，然后

继续做放大器的动态参数实验测试。

1.4 YB2172 数字交流毫伏表

1. YB2172 数字交流毫伏表基本性能和使用范围

YB2172 数字交流毫伏表适用于测量频率 10Hz～2MHz，电压 30μV～300V 的正弦波有效值电压信号。该仪器采用 4 位数字显示，频率特性好，量程与显示直观，操作方便简单。下面介绍交流数字毫伏表的基本性能。

(1) 交流电压测量范围：30μV～300V。

(2) 电压量程：3mV、30mV、300mV、3V、30V、300V。

(3) 输入阻抗：大于 10MΩ；输入电容：小于 35pF。

(4) 输出电压频响：10Hz～200kHz 时为±3%（以 1kHz 为基准，无负载）。

(5) 分辨率：1μV。

(6) 电源电压：AC 200V±10%；50Hz±4%。

(7) 频率范围：10Hz～2MHz。

2. 使用方法

(1) 接通电源开关，预热 5min。

(2) 检查量程位置是否大于被测信号，旋转量程旋钮使其处于相应适合的位置上。

(3) 把探头接到被测输入信号上。

(4) 调节量程旋钮，使数字显示能在合适的位置上读出稳定输入数值。

(5) 在测量输入信号电压时，若输入信号幅值超过满量程的+14%左右时，仪器的面板显示数据会闪烁，此时说明测量数值已超量程，必须更换到较大的量程上，以确保仪器正常地显示测量值。

3. 操作前应注意的问题

(1) 打开电源开关后，数码管点亮，数字表大约有几秒钟不规则的数据乱跳，这是正常现象，过一些时间才能稳定下来。

(2) 当机器处于手动转换量程状态时，严禁长时间使输入电压大于量程所能测量的最大电压，以免仪器损坏。

1.5 SM1000 系列数字交流毫伏表

1. SM1000 系列数字交流毫伏表基本性能和使用范围

SM1000 系列数字交流毫伏表包括 SM1020、SM1030 等型号，这里介绍 SM1030 数字毫伏表。

图 1-18 是 SM1030 数字毫伏表前面板位置标示图，按钮标号顺序说明对应按键的功能。

电源 开关：开机时显示厂标和型号后，进入初始状态：输入 A，手动改变量程，量程 3mV～ 300V，显示电压值和衰减 dB 用⑩（dBm 用⑪）。开机后预热 30min。

自动 键：切换到自动选择量程。在自动位置，输入信号小于当前量程的 1/10，自动减小量程；输入信号大于当前量程的 4/3 倍，自动加大量程。

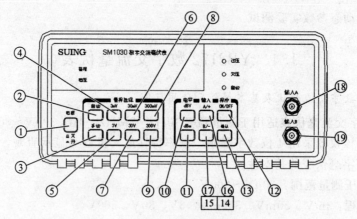

图 1-18　SM1030 数字毫伏表面板标识

手动键：无论当前状态如何，按下手动键都切换到手动选择量程，并恢复到初始状态。在手动位置上要根据"过压"和"欠压"指示灯的提示，改变量程。

3mV键～300V键：量程切换键，用于手动选择量程。

ON/OFF键：进入程控，退出程控。

确认键：确认地址。

A/＋键：切换到输入 A，显示屏和指示灯都显示输入 A 的信息。量程选择键和电平选择键对输入 A 起作用。＋设定程控地址时，起地址加作用（SM1020 没有此键）。

B/－键：切换到输入 B，显示屏和指示灯都显示输入 B 的信息。量程选择键和电平选择键对输入 B 起作用。－设定程控地址时，起地址减作用（SM1020 没有此键）。

（输入 A）：A 输入端。

（输入 B）：B 输入端。

2. 指示灯

（自动）指示灯：用自动键切换到自动选择量程时，该指示灯亮。

（过压）指示灯：输入电压超过当前量程的 4/3 倍，过压指示灯亮。

（欠压）指示灯：输入电压小于当前量程的 1/10，欠压指示灯亮。

3. 液晶显示屏

（1）开机时显示厂标和型号。

（2）显示工作状态和测量结果。

① 设定和检索地址时，显示本机接口地址。

② 显示当前量程和输入通道。

③ 用四位有效数字显示输入电压。

4. 后面板

带有 RS-232 插座：程控接口。

5. 使用方法

（1）开机。按下面板上的电源按钮，电源接通。仪器进入初始状态，预热 30min。

（2）接输入信号。可用输入选择键切换到需要设置和显示的输入端上。

（3）手动测量。可从初始状态（手动，量程 300V）输入被测信号，然后一定要根据"过压"和"欠压"指示灯的提示手动改变量程。过压灯亮，说明信号电压太大，应加大量程；欠压指示灯亮，说明输入电压太小，应减小量程。

（4）自动测量。可以选择自动量程。在自动位置，仪器可根据信号的大小自动选择合适的量程。若过压指示灯亮，显示屏显示 ＊＊＊＊V，说明信号超出了本仪器的测量范围。若欠压指示灯亮，显示屏显示 0，说明信号太小，也超出了本仪器的测量范围。

（5）RS-232 接口

① 进入程控操作状态。开机后仪器工作在本地操作状态，按下 ON/OFF 键，显示"RS232"，然后在屏幕左上角出现出厂时设定的地址 19，用 A/＋ 和 B/－ 键，在 0～19 设定所需的地址。再按 确认 键，结束地址设定，等待串口输入命令。需要返回本地时，按下 ON/OFF 键。

② 地址信息。仪器进入程控状态后，开始接受控者发出的信息，根据标志位判断是地址信息还是数据信息。如果收到的是地址信息，判断是不是本机地址，如果不是本机地址，则不接收此后的任何数据信息，继续等待控者发来的地址信息。如果判断为本机地址，则开始接收此后的数据信息，直到控者发来下一个地址信息，再重新进行判断。关于接口参数参考相关的说明书。

③ 应用说明。输入命令码"opte"后屏幕清空。如果输入命令码错误，则显示"发送错误，重新发送"。编写应用程序时，每个命令码尾都必须加结束符 Chr（10）。

第 2 章　Multisim 7 仿真软件入门

2.1　概　　述

随着计算机技术的飞速发展，电子电路的分析与设计方法发生了重大变革，出现了一大批各具特色的优秀电子设计自动化（EDA）软件，改变了以定量估算和电路实验为基础的电路设计方法。熟练掌握一些电路仿真软件已成为当今电子电路分析和设计人员所必须具备的基本技能之一。其中，Multisim 7 与其他电路仿真软件相比，具有如下一些优点。

（1）系统集成度高，操作直观、方便。系统可以很方便地创建原理图，测试分析仿真电路以及显示仿真结果等，整个操作界面就像一个实验工作台，有仿真元件、测试仪表，而且测试仪表和某些仿真元件的外形与实物非常接近，使用方法也基本相同，因而该软件易学易用。

（2）具有很强的电路仿真能力。在电路窗口中既可以分别对数字或模拟电路进行仿真，又可以将二者连接在一起仿真分析。

（3）具有完备的电路分析方法。系统不仅可以通过测试仪表方便地观察测试结果，而且还提供了电路的直流工作点分析、瞬态分析和失真分析等 14 种常用的电路仿真分析方法。这些分析方法基本能满足一般电子电路的分析设计要求。

（4）提供了多种输入输出接口。系统提供了与其他电路仿真软件接口的功能，可以输入由 PSpice 等所创建的网表文件，并自动形成相应的电路原理图，也可以将电路原理图文件输出给 Protel 等，以便进行印刷电路设计。

综上所述，由于 Multisim 7 具有很多优点，故深受广大电路设计人员的喜爱，特别是在教育领域得到了更广泛应用。这里所介绍的 Multisim 7 为教育版。

2.2　Multisim 7 基本界面

Multisim 7 系统启动之后，便进入了 Multisim 7 基本界面，如图 2-1 所示。

Multisim 7 用户界面包含以下基本元素：菜单栏、系统工具栏、虚拟工具栏、元件工具栏、仪表工具栏、电路窗口、仿真开关、状态栏。

1. 菜单栏

菜单栏提供系统的几乎所有功能命令。有 File（文件）菜单、Edit（编辑）菜单、View（窗口显示）菜单、Place（放置）菜单、Simulate（仿真）菜单、Transfer（文件输出）菜单、Tools（工具）菜单、Reports（报告）菜单、Options（选项）菜单、Window（窗口）菜单和 Help（帮助）菜单等。在每个主菜单下都有一个下拉菜单，用户可以从中找到电路文件的存取、SPICE 文件的输入和输出、电路图的编辑、电路的仿真与分析及帮助等各项功能的命令。

（1）File（文件）菜单。主要用于管理所创建的电路文件，如打开、保存和打印等，如图 2-2 所示。

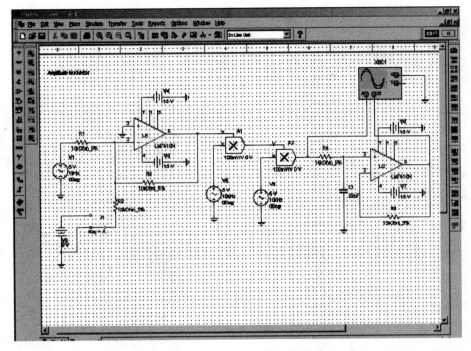

图 2-1　Multisim 7 基本界面

（2）Edit（编辑）菜单。主要用于在电路绘制过程中，对电路和元件进行各种技术性处理，如图 2-3 所示。

Edit 菜单中的 Cut（剪切）、Copy（复制）、Delete（删除）等大多数命令与一般 Windows 应用软件基本相同，不再赘述。这里介绍两项不同的菜单命令：

Find... 表示查找电原理图中的元件。

Properties 表示打开一个已被选中的元件属性对话框，在其中可对该元件的参数值、标识符等信息进行读取或修改。

（3）View（窗口显示）菜单。用于确定仿真界面上显示的内容以及电路图的缩放和元件的查找，如图 2-4 所示。View 菜单中的命令及功能如下。

Toolbars：选择工具栏。

Show Grid：显示栅格。

Show Page Bounds：显示纸张边界。

Show Title Block：显示标题栏。

Show Border：显示边界栏。

Show Ruler Bars：显示标尺栏。

Zoom In：电路原理图放大。

Zoom Out：电路原理图缩小。

Zoom Area：电路原理图 100% 显示。

Zoom Full：电路原理图完整地显示。

New	Ctrl+N
Open...	Ctrl+O
Close	
Save	Ctrl+S
Save As...	
New Project...	
Open Project...	
Save Project	
Close Project	
Print Setup...	
Print Circuit Setup...	
Print Instruments	
Print Preview	
Print...	Ctrl+P
Recent Files	▶
Recent Projects	▶
Exit	

图 2-2　File 菜单

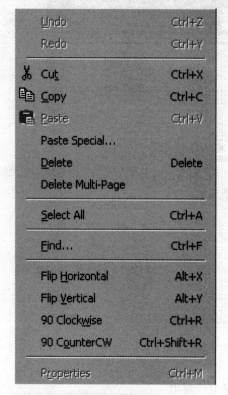

图 2-3　Edit 菜单

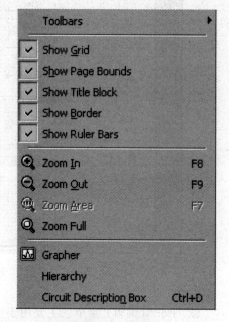

图 2-4　View 菜单

Grapher：显示图表。

Hierarchy：显示一个工程栏。

Circuit Description _ Box：打开一个窗口，显示出电路的描述。

（4）Place（放置）菜单。提供在电路窗口内放置元件、连接点、总线和文字等命令，其下拉菜单如图 2-5 所示。

Place 菜单中的命令及功能如下。

Component...：放置一个元件。

Junction：放置一个节点。

Bus：放置一根总线。

HB/SB Connector：放置一个连接端子到分层模块或子电路。

Hierarchical Block：放置一个分层模块。

Create New Hierarchical Block：产生一个新的分层模块。

Replace by Subcircuit：用一个子电路替代。

Off-Page Connector：放置一个页外连接端子。

Multi-Page：仿真页。

Text：放置文字。

Graphics：放置图形。

Title Block...：放置标题栏。

（5）Simulate（仿真）菜单：提供电路仿真设置与操作命令，其下拉菜单如图 2-6 所示。

Simulate 菜单中的命令及功能如下。

Run：运行仿真开关。

Pause：暂停仿真。

Instruments：选择仿真仪表。

Default Instrument Setting...：打开预置仪表设置对话框。

Digital Simulation Settings...：选择数字电路仿真设置。

Analyses：选择仿真分析方法。

Postprocessor...：打开后处理器对话框。

Simulation Error Log/Audit Trail：显示仿真错误记录/检查仿真踪迹。

XSpice Command Line Interface：显示 XSpice 命令行界面。

Auto Fault Option...：自动设置电路故障。

Global Component Tolerances...：全局元件容差设置。

（6）Transfer（文件输出）菜单。提供将仿真结果传递给其他软件处理的命令，其下拉菜单如图 2-7 所示。Transfer 菜单中的命令及功能如下。

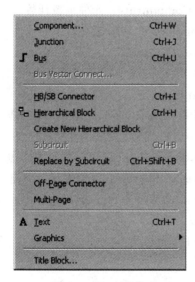

图 2-5　Place 菜单

图 2-6　Simulate 菜单

Transfer To Ultiboard V7：传送给 Ultiboard V7。

Transfer To Ultiboard 2001：传送给 Ultiboard 2001 。

Transfer To other PCB Layout：传送给其他电路板版图软件。

Forward Annotate to Ultiboard V7：传送给 Ultiboard V7 的注释。

Backannotate from Ultiboard V7：从 Ultiboard V7 返回的注释。

Highlight selection in Ultiboard V7：Multisim 中选择的元件，在 Ultiboard V7 显示为高亮的选择。

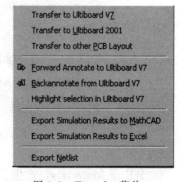

图 2-7　Transfer 菜单

Export Simulation Results to MathCAD：仿真分析的结果输出到 MathCAD。

Export Simulation Results to Excel：仿真分析的结果输出到 Excel。

Export Netlist：输出网表。

（7）Tools（工具）菜单。主要用于编辑或管理元器件和元件库，其下拉菜单如图 2-8 所示。Tools 菜单中的命令及功能如下。

Database Management...：打开元件库管理对话框。

Symbol Editor...：创建、编辑元件符号。

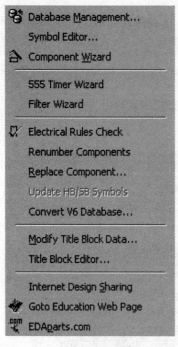

图 2-8　Tools 菜单

Component Wizard：打开创建元件对话框，并可按提示步骤创建元件。

555 Timer Wizard：设计 555 定时器的多谐振荡电路及单稳态触发电路。

Filter Wizard：设计低通、高通、带通、带阻滤波器电路。

Electrical Rules Check：创建并显示电路连接错误报告。

Renumber Components：元件重新计数。

Replace Component...：替换选中的元件。

Convert V6 Database...：将 Multisim V6（包括 Multisim 2001）的公司或使用者数据库中的元件转换为 Multisim 7 的格式。

Modify Title Block Data...：打开、修改标题块内容。

Title Block Editor...：编辑一个新的标题栏。

Internet Design Sharing：互联网设计共享。

Goto Education Web Page：连接 Multisim 教育站点。

EDAparts.com：连接 EDAparts.com 网站。

（8）Reports（报告）菜单：主要用于编辑或打印报告清单，如图 2-9 所示。Reports 菜单中的命令及功能如下。

图 2-9　Reports 菜单

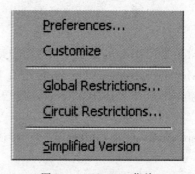

图 2-10　Options 菜单

Bill of Materials：产生、打印材料清单。

Component Detail Report：打印元件库中选定元件的详尽资料。

Netlist Report：产生、打印提供电路连接信息的网表报告。

Schematic Statistics：统计同类元件的数量。

Spare Gates Report：生成一个电路元件中未被使用部分的清单，并可打印。

Cross Reference Report：生成电路元件报告。

（9）Options（选项）菜单：用于定制电路的界面和电路某些功能的设定，其下拉菜单如图 2-10 所示。Options 菜单中的命令及功能如下。

Preferences...：打开参数选择对话框。

Customize：制作个人的参数选择接口。

Global Restrictions...：全局限制设置。

Circuit Restrictions...：电路限制设置。

Simplified Version：简化版本。

（10）Window（窗口）菜单：用于设定 Multisim 显示窗口。其下拉菜单如图 2-11 所示。Window 菜单中的命令和功能如下。

Cascade：安排电路窗口以便能交叠。

Tile：重新定位所有打开的电路窗口的大小，以便显示在一屏上。

Arrange Icons：排列按钮。

（11）Help（帮助）菜单：主要为用户提供在线技术帮助和使用指导。其下拉菜单如图 2-12 所示。Help 菜单中的命令和功能如下。

Multisim 7 Help：帮助主题目录。

Multisim 7 Reference：帮助主题索引。

Release Notes：版本注释。

图 2-11　Window 菜单

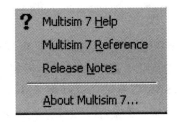

图 2-12　Help 菜单

2. 系统工具栏

该工具栏包含常用的基本功能按钮，如图 2-13 所示。这些按钮从左到右为：新建电路文件（New）、打开一个已存在的电路文件（Open）、存储（Save）、剪切（Cut）、复制（Copy）、粘贴（Paste）、打印（Print Circuit）、放大（Increase Zoom）、缩小（Decrease Zoom）、100% 显示（Zoom 100%）、完整地显示（Fit to Page）、显示或隐藏工程栏（Toggle Project Bar）、显示或隐藏数据表（Toggle Spreadsheet View）、数据库管理（Data-

图 2-13　系统工具栏

base Management)、创建元件（Create Component）、开始/结束仿真（Run/Stop Simulation）、显示图表记录（Show grapher）、仿真分析（Analyses）、后分析器（Postprocessor）、使用中元件列表（In Use List）和帮助（Help）。

3. 虚拟工具栏

使用虚拟工具栏可以将虚拟元件放置到电路窗口中，如图 2-14 所示，虚拟元件类别如下：

图 2-14　虚拟工具栏

这些按钮分别表示虚拟元件的类别，从左到右为：基本元件箱按钮、二极管元件箱按钮、三维显示的元件箱按钮、额定的虚拟元件箱按钮（可以设定误差指标）、电源元件箱按钮、信号源元件箱按钮、模拟器件元件箱按钮、场效应管元件箱按钮、测量元件箱按钮和混杂元件箱按钮。

4. 元件工具栏

该工具栏包含元件组、放置和连接因特网按钮，其中有 13 个元件模型分类组，存放着大量元件。通常放在工作窗口的左侧，如图 2-15 所示。

图 2-15　元件工具栏

这 13 个元件组按钮从左到右为：电源组（Sources）、基本元件组（Basic）、二极管组（Diodes）、晶体管组（Transistors）、模拟元件组（Analog）、TTL 元件组（TTL）、CMOS 元件组（CMOS）、混杂数字元件组（Misc）、混合芯片组（Mixed）、指示部件组（Indicators）、混杂元件组（Miscellaneous）、射频器件组（RF）和机电类元件组（Electro _ Mechanical）。

放置按钮为：放置分层模块（Place Hierarchical Block）和放置总线（Place Bus）。

连接因特网按钮为：连接 Multisim 教育站点（Goto Education Resources）和连接 EDAparts. com 网站（EDAparts. com）。

5. 仪表工具栏

该工具栏提供了 18 种虚拟仪器，用来对电路的工作状态进行测试，通常放在工作窗口的右侧，如图 2-16 所示。

图 2-16　仪表工具栏

这 18 种仪表从左到右分别为：数字万用表（Multimeter）、函数信号发生器（Function Generator）、瓦特表（Wattmeter）、示波器（Oscilloscope）、4 通道示波器（Four Channel Oscilloscope）、波特图仪（Bode Plotter）、频率计（Frequency Counter）、字信号发生器（Word Generator）、逻辑分析仪（Logic Analyzer）、逻辑转换仪（Logic Converter）、电流电压分析器（IV-Analysis）、失真分析仪（Distortion Analyzer）、频谱分析仪（Spectrum Analyzer）、网络分析仪（Network Analyzer）、美国 Agilent 公司的函数信号发生器（Agilent Function Generator）、美国 Agilent 公司的数字万用表（Agilent Multimeter）、美国 Agilent 公司的示波器（Agilent Oscilloscope）和动态测量探针（Dynamic Measurement Probe）等。

6. 电路窗口

电路窗口又称为工作空间，相当于一个现实工作中的操作平台，电路图的编辑绘制、仿真分析及波形数据显示等都在此窗口中进行。

7. 仿真开关

仿真开关用于控制仿真进程。

8. 状态栏

状态栏用于显示某种当前操作的有用信息。

2.3 Multisim 7 的元器件

1. Multisim 7 的元件库

Multisim 7 包含 3 个层次的数据库，分别为：Multisim Master、Corporate Database 和 User 。

Multisim Master：用来存放程序自带的元件模型，Multisim 为用户提供的大量且较为精确的元器件模型都放在其中。随着版本的不同，Multisim 数据库中含有的仿真元件的数量也不一样。

Corporate Database：用于多人共同开发项目时建立共用的元件库。

User：用来存放用户使用 Multisim 提供的编辑器自行开发的元件模型，或者修改 Multisim Master 中已有的某个元件模型的某些信息，将变动了元器件信息的模型存放于此，供用户使用。

Multisim 7 教育版的 Multisim Master 含有 13 个元器件分类组，每个组中又含有多个元件箱（又称为 Family），各种电路仿真元器件分门别类地放在这些元件箱中供用户调用。Corporate Database 和 User 在 Multisim 7 使用之初是空的，只有在用户创建或修改了元件并存放于该库后才能有元件供调用。

2. Multisim 7 的元件

（1）电源组（Sources）。有 6 个元件箱，内共有 50 多种电源器件，包括功率电源、信号源、控制电源等。6 个元件箱分别为：功率电源（POWER _ SOURCES）、电压信号源（SIGNAL _ VOLTAGE _ SOURCES）、电流信号源（SIGNAL _ CURRENT _ SOURCES）、控制功能器件栏（CONTROL _ FUNCTION _ BLOCKS），受控电压源（CONTROLLED _ VOLTAGE _ SOURCES），受控电流源（CONTROLLED _ CURRENT _ SOURCES）。

点击电源库按钮会弹出一个对话框，如图 2-17 所示，在这里可以了解到元件库（Database）的信息、元件箱（Family）的类别、元件（Component）的名称、符号等。选择不同的元件箱，可以选择不同的元件。另外，通过搜寻按钮，可以搜索相应的元件，通过模型按钮，可以得到元件的模型报告。

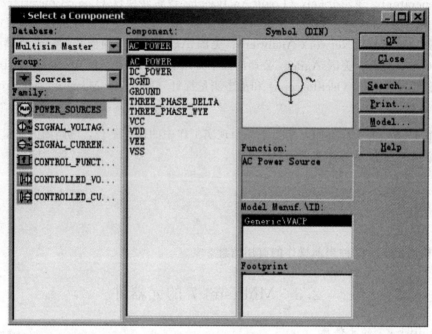

图 2-17　电源库

（2）基本元件组（Basic）。包含电阻、电容、电感、开关和变压器等 18 个元件箱，其中 15 个为现实元件箱，3 个为虚拟元件箱。每一个现实元件箱和虚拟元件箱中又有若干个与实际相对应的仿真元件。这 18 个元件箱分别为：虚拟基本元件箱（BASIC _ VIRTUAL）、虚拟标定元件箱（RATED _ VIRTUAL）、虚拟三维元件箱（3 D _ VIRTUAL）、电阻箱（RESISTANCE）、电阻排元件箱（RPACK）、电位计元件箱（POTENTIOMETER）、电容箱（CAPACITOR）、电解电容箱（CAP _ ELECTROLIT）、可变电容箱（VARIABLE _ CAPACITOR）、电感箱（INDUCTOR）、可变电感箱（VARIABLE _ INDUCTOR）、开关箱（SWITCH）、变压器箱（TRANSFORMER）、非线性变压器箱（NON _ LINEAR _ TRANSFORMER）、阻抗负载箱（Z _ LOAD）、继电器元件箱（RELAY）、连接器元件箱（CONNECTORS）和插座元件箱（SOCKETS）。

（3）二极管组（Diodes）。包含着 9 个元件箱，分别为虚拟二极管元件箱（DIODES _ VIRTUAL）、普通二极管元件箱（DIODE）、齐纳二极管元件箱（ZENER）、发光二极管元件箱（LED）、全波桥式整流器元件箱（FWB）、可控硅整流器元件箱（SCR）、双向开关二极管元件箱（DIAC）、三端开关可控硅元件（TRIAC）和变容二极管元件箱（VARAC-TOR）。

（4）晶体管组（Transistors）。内有 16 个元件箱，其中现实元件箱为 15 个，它们存放着许多著名的晶体管制造厂家的晶体管元件模型，这些模型以 spice 格式编写，精度较高；还有 1 个为虚拟箱，是理想的三极管模型。16 个元件箱分别为：虚拟晶体管元件箱（TRANSISTOR _ VIRTUAL）、NPN 晶体管元件箱（BJT _ NPN）、PNP 晶体管元件箱

（BJT_PNP）、达灵顿 NPN 晶体管箱（DARLINGTON_NPN）、达灵顿 PNP 晶体管箱（DARLINGTON_PNP）、三极管阵列元件箱（BJT_ARRAY）、IGBT 功率开关箱（IG-BT）、三端 N 沟道耗尽型 MOS 管箱（MOS_3TDN）、三端 N 沟道增强型 MOS 管箱（MOS_3TEN）、三端 P 沟道增强型 MOS 管箱（MOS_3TEP）、N 沟道结型场效应管箱（JFET_N）、P 沟道结型场效应管箱（JFET_P）、N 沟道功率 MOS 管箱（POWER_MOS_N）、P 沟道功率 MOS 管箱（POWER_MOS_P）、单结晶体管箱（UJT）和热模型的晶体管箱（THERMAL_MODELS）。

（5）模拟元件组（Analog）。包含 6 个元件箱，其中 1 个为虚拟器件箱，涉及的器件有运算放大器、虚拟运放、宽带运放、比较器、特殊功能运放等。这 6 个元件箱分别为：虚拟模拟元件箱（ANALOG_VIRTUAL）、运算放大器元件箱（OPAMP）、诺顿运算放大器箱（OPAMP_NORTON）、比较器箱（比较器）、宽带运放（WIDEBAND_AMPS）和特殊功能运放（SPECIAL_FUNCTION）。

（6）TTL 元件组（TTL）。包含 74 系列的 TTL 数字集成逻辑器件，有 74 STD 系列即普通型的集成电路和低功耗肖特基型集成电路 74 LS 系列。

（7）CMOS 元件组（CMOS）。内有 74 系列和 4 XXX 系列等互补型金属氧化半导体数字集成逻辑器件的 6 个元件箱，具体为：5 V4XXX 系列 CMOS 元件箱（CMOS_5V）、10 V4XXX系列 CMOS 箱（CMOS_10V）、15 V4XXX 系列 CMOS 箱（CMOS_15V）、2 V74HC系列高速 CMOS 箱（74 HC_2V）、4 V74HC 系列高速 CMOS 箱（74 HC_4V）和 6 V74HC 系列的高速箱（74 HC_6V）。

（8）混杂数字元件组（Misc）。内有 3 个元件箱，分别是数字逻辑元件箱（TTL）、VHDL 可编程器件箱（VHDL）和 Verilog 可编程器件箱（VERILOG_HDL）。

（9）混合芯片组（Mixed）。共有 4 个元件箱，分别为虚拟的混合芯片箱（MIXED_VIRTUAL）、555 定时器元件箱（TIMER）、A/D 及 D/转换器箱（ADC_DAC）和模拟开关箱（ANALOG_SWITCH）。

（10）指示部件组（Indicators）。内含 8 种可用来显示电路仿真结果的显示器件，有电压表、电流表、探测器、蜂鸣器、灯泡、十六进制显示器和条形光柱。这 8 个元件箱分别为：电压表箱（VOLTMETER）、电流表箱（AMMETER）、探测器箱（PROBE）、蜂鸣器箱（BUZZER）、灯泡（LAMP）、虚拟灯泡（LAMP_VIRUAL）、十六进制显示器（HEX_DISPLAY）和条形光柱箱（BARGRAPH）。

（11）杂元件组（Miscellaneous）。包括晶振、光耦、马达、保险丝和无损耗传输线等，共有 14 个元件箱，它们为：虚拟杂件箱（MISC_VIRTUAL）、传感器元件箱（TRANS-DUCERS）、晶振元件箱（CRYSTAL）、真空管箱（VACUUM_TUBE）、保险丝箱（FUSE）、电压校准器箱（VOLTAGE_REGULATOR）、开关电源降压转换器箱（BUCK_CONVERTER）、开关电源升压转换器箱（BOOST_CONVERTER）、开关电源升降压转换器箱（BUCK_BOOST_CONVERTER）、有损耗传输线箱（LOSSY_TRANSMISSION_LINE）、无损耗传输线类型 1 箱（LOSSYLESS_LINE_TYPE1）、无损耗传输线类型 2 箱（LOSSYLESS_LINE_TYPE2）、网络（NET）和杂件箱（MISC）。

（12）频器件组（RF）。内含 7 个元件箱，分别为：射频电容器箱（RF_CAPACITOR）、射频电感器箱（RF_INDUCTOR）、射频 NPN 晶体管箱（RF_BJT_NPN）、射频 PNP 晶体管箱（RF_BJT_PNP）、射频 MOS 管箱（RF_MOS_3TDN）、

隧道二极管箱（TUNNEL_DIODE）和传输线箱（STRIP_LINE）。

（13）机电类元件组（Electro_Mechanical）。内有 8 个元件箱，包含一些电工类器件，具体为：感测开关箱（SENSING_SWITCHES）、瞬时开关箱（MOMENTARY_SWITCHES）、接触器箱（SUPPLEMENTARY_CONTACTS）、计时接触器箱（TIMED_CONTACTS）、线圈与继电器箱（COILS_RELAYS）、线性变压器箱（LINE_TRANSFORMER）、保护设备箱（PROTECTION_DEVICES）和输出设备箱（OUTPUT_DEVICES）。

2.4　虚拟仪器的使用

Multisim 7 仿真软件最具特色的功能之一就是将用于电路测试任务的各种各样的仪器非常逼真地与电原理图一起放置在同一个操作上，进行各项测试实验。Multisim 7 有 18 种仪器，这么多的虚拟仪器，加上可供选用的成千上万只仿真元件以及各种电源信号，使得该仿真软件的仿真实验规模完全能与一般电子实验室相比拟。这些虚拟仪器的面板不仅与现实仪器很相像，而且其基本操作也与现实仪器非常相似，而且当中的美国 Agilent 公司的虚拟仪器与实际仪器完全相同。不仅如此，Multisim 7 仿真软件还充分发挥了计算机快速处理数据的优点，对测量出的数据能直接进行加工处理，产生相应的结果。

在 Multisim 7 的仪器库（工具）中共有 18 种虚拟仪器，为了更好地使用这些虚拟仪器，下面分别介绍各种虚拟仪器的使用方法。

2.4.1　数字万用表

与实际使用的数字万用表（multimeter）一样，数字万用表可以完成交直流电压、电流以及电阻的测量。其图标和面板如图 2-18 所示，它的内阻和表头电流被缺省预置为接近理想值，单击"Set…"按钮可对数字万用表内部的参数进行设置，出现如图 2-19 所示的对话框。

图 2-18　数字万用表图标和面板

其中，Ammeter resistance（R）用于设置与电流表并联的内阻，其大小影响电流的测量精度；Voltmeter resistance（R）用于设置与电压表串联的内阻，其大小影响电压的测量精度；Ohmmeter current（I）是指用欧姆表测量时，流过欧姆表的电流。

使用万用表时，图标上的＋、一端子接测试的端点，根据测量要求，可以通过点击 A、V、Ω 和 dB 来分别实现对电流、电压、电阻和分贝进行测量，测量结果在面板中显示出来。另外通过设置"～"按钮及"一"按钮分别测量交流量和直流量，测交流量时其测量值为有效值。

2.4.2　函数信号发生器

函数信号发生器（Function Generator）用来产生正弦波、方波和三角波信号的仪器，其图标和面板如图 2-20 所示，可设置的参数有频率（Frequency）；占空比（Duty Yycle），用于改变三角波和方波正负半周的比率，对正弦波不起作用；幅度（Amplitude），用于改

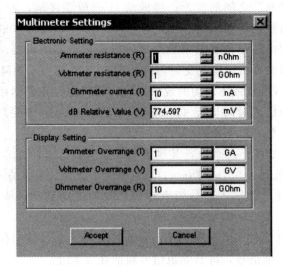

图 2-19　数字万用表内部的参数设置

变波形的峰值；偏移（Offset），用于给输出波形加上一个直流偏置电平。

　　使用时，函数信号发生器的图标上的 3 个输出端子＋、Common 和－应与外电路相连，可以输出电压信号，其连接规则如下：

　　连接＋和 Common 端子，输出信号为正极性信号，连接 Common 和－端子，输出信号为负极性信号，幅值均等于信号发生器的有效值；连接＋和－端子，输出信号的幅值等于信号发生器的有效值的两倍；同时连接＋、Common 和－端子，且把 Common 端子与公共地（Ground）符号相连，则输出两个幅度相等、极性相反的信号。

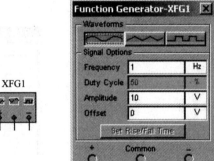

图 2-20　函数信号发生器图标和面板

2.4.3　瓦特表

　　瓦特表（Wattmeter）是一种测试电路功率及功率因数的仪器，图标和面板如图 2-21 所示。交、直流均可测量，使用时，左边两个端子为电压输入端子，与所要测试电路并联；右边两个端子为电流输入端子，与所要测试电路串联。

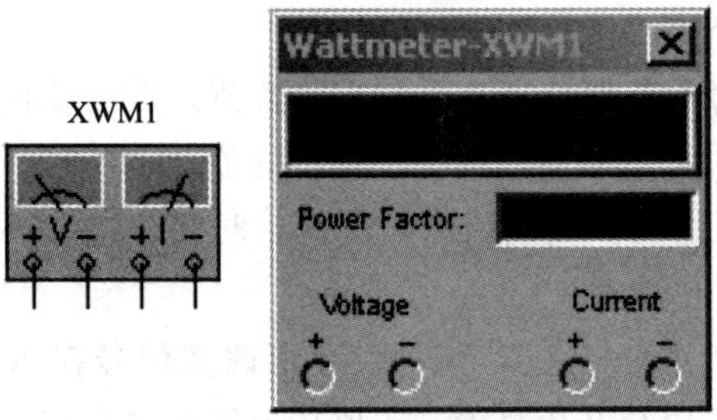

2.4.4　示波器

　　双通道示波器（Oscilloscope）用于显示电信号大小和频率的变化，也可用于两个波形的比较，其图标和面板如图 2-22 所示。它有 A、B 两个通道，G 是接地端，T 是外触发端。连接时 A、B 两通道分别只需一根线与被测点相连，

图 2-21　瓦特表图标和面板

测得的结果为该点与"地"之间的波形；接地端 G 一般要接地，若电路中已有接地符号，也可不接。为了便于清楚地观察波形，可将连接到通道 A 和通道 B 的导线设置为不同的颜色。无论是在仿真过程中还是仿真结束后都可以改变示波器的设置，屏幕显示将被自动刷新。如果示波器的设置或分析选项改变后需要提供更多的数据（如降低示波器的扫描速率等），则波形可能会出现突变或不均匀的现象，这时需将电路重新激活一次，以便获得更多的数据。也可通过增加仿真时间步长（Simulation Time Step）来提高波形的精度。示波器面板上可设置的参数主要有以下几项。

（1）基（Timebase）区：用来设置 X 轴方向时间基线扫描时间。

其中，Scale 设置范围为 0.1ns/Div~1s/Div。为了获得易观察的波形，时基的调整应与输入信号的频率成反比，即输入信号频率越高，时基就应越小，一般取输入信号频率的 1/5~1/3 较为合适。

A/B 表示将 B 通道信号作为 X 轴扫描信号，将 A 通道信号施加在 Y 轴上。B/A 表示将 A 通道信号作为 X 轴扫描信号，将 B 通道信号施加在 Y 轴上。

Y/T 表示 Y 轴方向显示 A、B 通道的输入信号，X 轴方向显示时间基线，并按设置时间进行扫描。当显示随时间变化的信号波形（如三角波、方波及正弦波等）时，常采用 B/A。

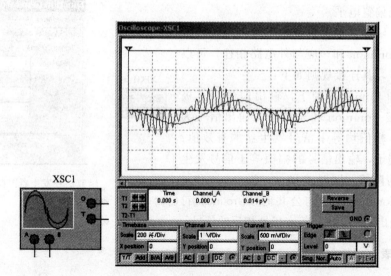

图 2-22 示波器图标和面板

Add 表示 X 轴按设置时间进行扫描，而 Y 轴方向显示 A、B 通道的输入信号之和。

（2）Channel A 区：用来设置 Y 轴方向通道 A 输入信号的标度。

其中，Scale 表示 Y 轴方向对 A 通道输入信号而言每格所表示的电压数值。点击该栏后将出现刻度翻转列表，根据所测信号电压的大小，上下翻转选择一个适当的值。

Y position 表示时间基线在显示屏幕中的上下位置。当其值大于零时，时间基线在屏幕中线上侧，反之在下侧。

X 轴初始位置（X position）的设置范围为 −5.00~5.00，该项设置可改变信号在 X 轴上的初始位置。当该值为 0 时，信号将从屏幕的左边缘开始显示，正值从起始点往右移，负值反之。

AC 表示屏幕仅显示输入信号中的交变分量（相当于实际电路中加入了隔直流电容）。

DC 表示屏幕将信号的交直流分量全部显示。0 表示将输入信号对地短路。

（3）Channel B 区：用来设置 Y 轴方向通道 B 输入信号的标度。其设置与 Channel A 区相同。

（4）Trigger 区：用来设置示波器触发方式。

其中，Edge 表示将输入信号的上升沿或下跳沿作为触发信号。

Level 用于选择触发电平的大小。

Sing 选择单脉冲触发。

Nor 选择一般脉冲触发。

Auto 表示触发信号不依赖外部信号。一般情况下使用 Auto 方式。

A 或 B 表示用通道 A 或通道 B 的输入信号作为同步 X 轴时基扫描的触发信号。

Ext 表示用示波器图标上触发端子 T 连接的信号作为触发信号来同步 X 轴时基扫描。

（5）测量波形参数。在屏幕上有两条左右可以移动的读数指针，指针上方有三角形，通过鼠标器左键可拖动读数指针左右移动。在显示屏幕下方有 3 个测量数据的显示区，左侧数据区表示 1 号读数指针所指信号波形的数据。其中，T1 表示 1 号读数指针离开屏幕最左端（时基线零点）所对应的时间，时间单位取决于 Timebase 所设置的时间单位；VA1、VB1 分别表示通道 A、通道 B 的信号幅度值，其值为电路中测量点的实际值，与 X、Y 轴的 Scale 设置值无关。中间数据区表示 2 号读数指针所在位置测得的数值。T2 表示 2 号读数指针离开时零点的时间值。右侧数据区中，T2-T1 表示 2 号读数指针所在位置与 1 号读数指针所在位置的时/值，可用来测量信号的周期、脉冲信号的宽度、上升时间及下降时间等参数。其中，VA2-VA1 表示 A 通道信号两次测量值之差；VB2-VB2 表示 B 通道信号两次测量值之差；为了测量方便准确，点击 Pause（或 F6 键）使波形"冻结"，然后再测量。

（6）设置信号波形显示颜色。只要设置 A、B 通道连接导线的颜色，则波形的显示便与导线的颜色相同。方法是快速双击连接导线，在弹出的对话框中设置导线颜色即可。

（7）改变屏幕背景颜色。点击展开面板右下方的"Reverse"按键，即可改变屏幕背景色。如要将屏幕背景恢复为原色，再次点击 Reverse 按键即可。

（8）存储读数。对于读数指针测量的数据，点击展开面板右下方 Save 按键即可存储。数据存储格式为 ASCII 码格式。

（9）移动波形。在动态显示时，点击暂停按钮或按 F6 键，均可通过改变 X Position 设置，从而左右移动波形；利用指针拖动显示屏幕下沿的滚动条也可左右移动波形。

2.4.5 波特图仪

波特图仪（Bode Plotter）是用来测量和显示一个电路、系统或放大器幅频特性和相频特性的一种仪器，如图 2-23 所示，其功能类似于实验室的扫频仪。

波特图仪的图标包括 4 个接线端，"In"是输入端口，端口上的正负端子分别与电路输入端的正、负相接；"Out"是输出端口，其正负端子分别与电路输出端的正、负连接。

波特图仪的设置如下。

（1）Magnitude：选择显示屏里显示的是幅频特性曲线。

（2）Phase：选择显示屏里显示的是相频特性曲线。

（3）Save：以 BOD 格式保存测量结果。

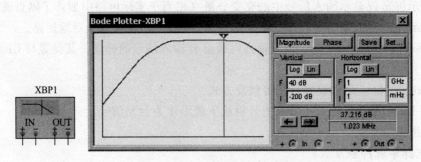

图 2-23　波特图仪图标和面板

（4）Set...：设置扫描的分辨率，选定扫描的分辨率的数值越大读数精度越高，但这将增加运行时间。

测量幅频特性时，若点击 Log（对数）按键后，Y 轴刻度的单位是 dB（分贝）；当点击 Lin（线性）按键后，Y 轴是线性刻度。测量相频特性时，Y 轴坐标表示相位，单位是度，刻度是线性的。

X 坐标用于确定波特图仪显示的 X 轴频率范围。若选择 Log，则标尺用 Log 表示；若选用 Lin，即坐标标尺是线性的。当测量信号的频率范围较宽时，用 Log 标尺为宜。为了清楚显示某一频率范围的频率特性，可将 X 轴频率范围设定得小一些。

（5）测量读数：拖动游标可测量特性曲线上各点的频率、电压幅值比和移相角度。

2.4.6　频率计

频率计（Frequency Counter）是用来测量频率的，如图 2-24 所示，它的图标包含 1 个接线端，通过这个接线端，将频率计接入电路中。双击图标，打开仪表面板，可以进行设置和显示。频率计的设置如下：

Freq：设置为测量信号的频率。

Period：设置为测量信号的周期。

Pulse：设置为测量脉冲的高电平或低电平的持续时间。

Rise/Fall：设置为测量一个单周期的上升时间和下降时间。

AC：仅显示信号的交流成分。

DC：显示信号的交流成分和直流成分的总和。

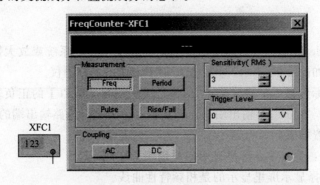

图 2-24　频率计图标和面板

Sensitivity（RMS）：设置灵敏度。

Trigger Level：设置触发电平。

2.4.7　字信号发生器

用字信号发生器（Word Generator）可以把数字字或是位的组合送到电路中，用以对数字逻辑电路测试。它的图标和面板如图 2-25 所示。

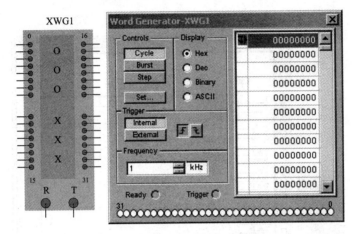

图 2-25　字信号发生器图标和面板

在字信号发生器图标的左边有 0～15 共 16 个端子，右边有 16～31 共 16 个端子，这 32 个端子是该字信号发生器所产生的信号输出端，其中的每一个端子都可接入数字电路的输入端。另外，R 端子为数据备用信号端（Ready），T 端子为外触发信号端。

字信号发生器中字信号的输入，可对仪器面板右边 8 位十六进制数字信号进行编辑完成。8 位十六进制数的变化范围为 00000000 ～ FFFFFFFF（转化为十进制是 0 ～ 4294967265）。每一行代表了一个 32 位的二进制数。字信号发生器被激活后，字信号被按照一定的规律逐行从底部的输出端送出。

（1）Controls 区的设置。

Cycle（循环）：表示字信号在设置地址初值到最终值之间周而复始地以设定频率输出。

Burst（单帧）：表示字信号从设置地址初值逐条输出，直到最终值时自动停止。

Step（单步）：表示每点击鼠标一次输出一条字信号。

Frequency（输出频率）输入框中设置的数据来控制 Cycle 和 Burst 方式的快慢。

（2）Trigger 区的设置。

Internal（内部）：用于设置内部触发方式，此时字信号的输出直接受输出方式按键 Step、Burst 和 Cycle 的控制。

External（外部）：用于设置外部触发方式，此时必须外接触发脉冲信号，而且要设置"上升沿触发"或"下降沿触发"，然后点击输出方式按键。只有外触发脉冲信号到来时才启动信号输出。

（3）Display 区的设置。

通过选择 Hex、Dec、Binary 和 ASCII 按键来设置字信号发生器中字信号，分别为十六进制数、十进制数、二进制数和美国信息交换标准代码形式。

2.4.8 逻辑分析仪

逻辑分析仪（Logic Analyzer）可以同步记录和显示16路逻辑信号，可用于对数字逻辑信号的高速采集和时序分析，逻辑分析仪的图标和面板如图2-26所示。

图标右侧有16个端口，它们是逻辑分析仪的输入信号端口，使用时相应地连接到电路的测量点。另外下部还有3个端子，C为外时钟输入端，Q为时钟控制输入端，T为触发控制输入端。

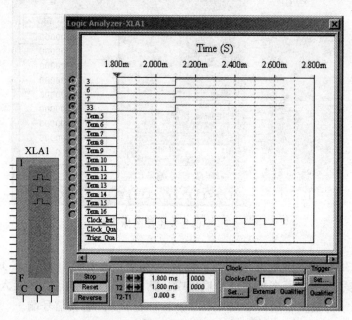

图2-26　逻辑分析仪图标和面板

面板最左侧16个小圆圈代表16个输入端，如果某个连接端接有被测信号，则该小圆圈内出现一个黑圆点。被采集的16路输入信号以方波形式显示在屏幕上。当改变输入信号连接导线的颜色时，显示波形的颜色立即改变。

（1）左边区域的设置：Stop按键为停止仿真；Reset按键为逻辑分析仪复位并清除显示波形。T1和T2分别表示读数指针1和读数指针2离开时间基线零点的时间，T2－T1表示两读数指针之间的时间差。

（2）Clock区的设置：包括Clocks/Div栏及Set...按键。Clocks/Div用于设置在显示屏上每个水平刻度显示的时钟脉冲数；Set...按键用于设置时钟脉冲。

（3）Trigger区的设置：用于设定触发方式、触发限定字，包括Positive（上升沿触发）、Negative（下降沿触发）、Both（升、降沿触发）以及0、1及X（0、1皆可）等多个选项。

2.4.9 逻辑转换仪

逻辑转换仪（Logic Converter）可以实现以下功能：将逻辑电路转换成真值表；将真值表转换成逻辑表达式；将真值表转换成简化表达式；将逻辑表达式转换成真值表；将表达式转换成逻辑电路；将逻辑表达式转换成与非门逻辑电路。

逻辑转换仪是 Multisim 特有的虚拟装置，实验室并不存在这样的实际仪器，在其他电路仿真软件中也绝无仅有。逻辑转换仪的图标和面板如图 2-27 所示。

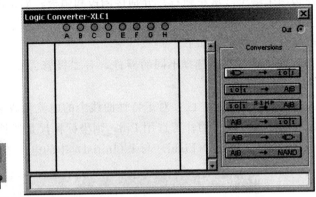

图 2-27　逻辑转换仪图标和面板

图标中包括 9 个端子，左边 8 个端子可用来连接电路的节点，而右边的一个端子是输出端子。通常只有在用到逻辑电路转换为真值表时，才需将其图标与逻辑电路相连接。

逻辑转换仪面板由 4 部分组成：A～H 端子的 8 个输入端（可供选用的逻辑变量）、真值表显示栏、逻辑表达式栏及逻辑转换方式选择区（Conversions）。具体功能如下：

（1）由逻辑电路转换为真值表。在将逻辑电路转换为真值表时，首先将画出的逻辑电路的输入端连接到逻辑转换仪的输入端，将逻辑电路的输出端连接到逻辑转换仪的输出端。然后点击 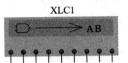 按键即可得到相应的真值表。

（2）从真值表导出逻辑表达式。首先必须在真值表栏中输入真值表，即根据输入变量的个数点击输入端的小圆圈（A～H），选定输入变量，此时在真值表栏将自动出现输入变量的所有组合，然后根据所要求的逻辑关系来确定或修改真值表的输出值（0、1 或 X，X 表示任意），方法是多次点击真值表栏右面输出列中的输出值。最后点击真值表导出逻辑表达式 `101 → A|B` 按钮，此时在面板底部逻辑表达式栏将出现相应的逻辑表达式。

（3）化简逻辑表达式。如需对逻辑表达式化简，只需点击 `101 SIMP A|B` 按键即可。

（4）由表达式得到真值表。首先在逻辑表达式栏中输入逻辑表达式，其中"非"用"′"表示，然后点击 `A|B → 101` 转换按键。

（5）由逻辑表达式得到逻辑电路图。在逻辑表达式栏中输入逻辑表达式，然后点击 `A|B → ⊳` 转换按键，可得到由基本逻辑门组成的逻辑电路图。

（6）由逻辑表达式得到与非门电路图。在逻辑表达式栏中输入逻辑表达式，然后点击 `A|B → NAND` 转换按键即可。此外，还有失真度分析仪、频谱分析仪等。

2.4.10　电流电压分析仪

电流电压分析仪（IV Analysis）是用来测量器件的特性，可以测量二极管、NPN 型晶体管、PNP 型晶体管、PMOS 管和 NMOS 管等的特性曲线。它的图标和面板如图 2-28

所示。

电流电压分析仪的图标包含 3 个接线端，与所选择的器件有关，如果测量的器件为二极管，则左边两个端子（从左到右）分别接阳极和阴极；如果测量的器件为三极管，则三个端子（从左到右）分别接 b、e、c 或 g、s、d 端。

电流电压分析仪的设置如下。

（1）Components：点击选择不同的器件，有二极管、NPN 型晶体管、PNP 型晶体管、PMOS 管和 NMOS 管等。

（2）Current Range（A）区：对于特性曲线中的电流参数来说，若选择 Log，则显示的曲线坐标标尺是用对数表示的；若选用 Lin，则坐标标尺是线性的。当测量信号的范围较宽时，用 Log 标尺为宜。而 F（Final）与 I（Initial）中的电流值并不需要设置。

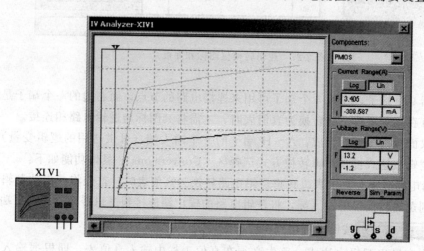

图 2-28　电流电压分析仪图标和面板

（3）Voltage Range（V）区：对于特性曲线中的电压参数，若选择 Log，则显示的曲线坐标标尺是用对数表示的；若选用 Lin，标尺是线性的。

（4）Sim_Param：点击后进入仿真参数设置对话框。选择的器件不同，参数设置的内容不同，以 MOS 管为例，如图 2-29 所示。

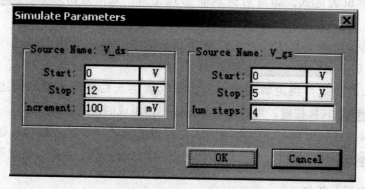

图 2-29　仿真参数设置对话框

若改变漏极与源极间的电压设置，须在 Source Name：V_ds（drain-source voltage）区中修改，在 Start 中设置扫描起始电压值，在 Stop 中设置扫描结束电压值。在 Increment 中设置期望的电压值步距。同理，若改变栅极与源极间的电压设置，须在 Source Name：V_gs（gate-source voltage）区中修改，在 Start 中设置扫描起始电压值，在 Stop 中设置扫描结束电压值，在 Num steps 中设置步距数目。

2.4.11　失真度分析仪

失真度分析仪（Distortion Analyzer）是一种测试电路总谐波失真与信噪比的仪器，在指定的基准频率下，进行电路总谐波失真及信噪比的测量，典型的测量范围为 20Hz～100kHz。失真度分析仪的图标和面板如图 2-30 所示。

失真度分析仪的图标包含 1 个接线端，与电路的信号相连。设置如下。

（1）Fundamental Freq：用于设置基频。

（2）THD：用于选择测试总谐波失真。

（3）SINAD：用于选择测试信噪比。

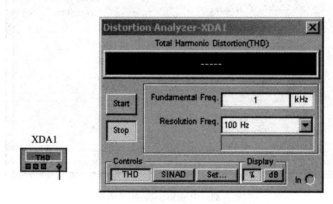

图 2-30　失真度分析仪的图标和面板

（4）%：显示总谐波失真的值用百分比表示。

（5）dB：总谐波失真的值用分贝数表示。

（6）Set...：用于设置测试参数。点击后选择失真度的定义方式（IEEE 与 ANSI/IEC）、谐波次数和 FFT 点数。

虚拟仪表中，还有一些与美国 Agilent 公司的设备相对应的仪表，这里不再说明。

2.5　建立电路原理图

2.5.1　定制用户界面

定制用户界面的目的在于方便原理图的创建、电路的仿真分析和观察理解。因此，创建一个电路之前，最好根据具体电路的要求和用户的习惯设置一个特定的用户界面。定制用户界面的操作主要通过 Preferences 对话框中提供的各项选择功能实现。

启动 Options 菜单中的 Preferences... 命令，即出现 Preferences 对话框。该对话框中有 8 页，每页中包含若干个功能选项。这 8 页基本能对电路的界面进行较为全面的设置，分别说明如下。

1）Workspace 页：这是对电路显示窗口图纸的设置

页面如图 2-31 所示，包含如下 4 个区。

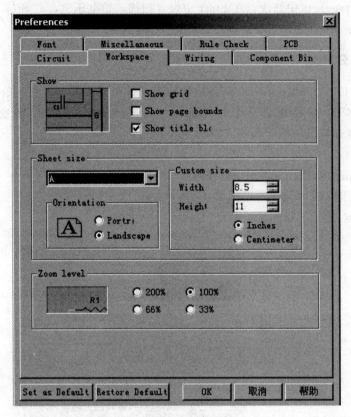

图 2-31　Workspace 页对话框

（1）Show 区：设置窗口图纸格式。左半部是设置的预览窗口，右半部是选项栏，其中，Show grid 显示栅格，Show page bounds 显示纸张边界，Show title block 显示标题栏。

（2）Sheet size 和 Custom size 区：设置窗口图纸的规格大小及摆向。在 Sheet size 区的左上方，程序提供了 A、B、C、D、E、A4、A3、A2、A1 及 A0 等 10 种标准规格的图纸。如果要自定图纸尺寸，则选择 Custom 项，然后在 Custom size 区内指定图纸宽度（Width）和高度（Height），而其单位可选择英寸（Inches）或厘米（Centimeter）。

另外，在左下方的 Orientation 区内，可设置图纸放置的方向，Portrait 为纵向图纸、Landscape 为横向图纸。

（3）Zoom level 区：显示窗口图纸的缩放比例，仅有 4 种可选择的比例 200％、100％、66％和 33％，不能设置任意比例。

2）Component Bin 页：这是对界面上元件箱出现的形式、元件箱内元件的符号标准及从元件箱中选用元件的方式的设置

页面如图 2-32 所示，共有 2 个区。

（1）Symbol standard：选取所采用的元器件符号标准，其中的 ANSI 选项设置采用美国标准，而 DIN 选项设置采用欧洲标准。由于我国的电气符号标准与欧洲标准相近，故选择

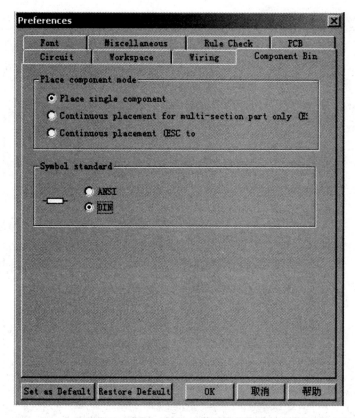

图 2-32　Component Bin 页对话框

DIN 较好。注意，符号标准的选用，仅对现行及以后编辑的电路有效，而不会更改以前编辑的电路符号。

（2）Place component mode：选择放置元件的方式。Place single component 是指选取一次元件，只能放置一次。Continuous placement for multi-section part only（Esc to quit）是指对于复合封装在一起的元件，如 74LS00D，可连续放置，直至全部放置，按 Esc 键或点击鼠标右键可以结束设置。Continuous placement（Esc to quit）是指选取一次元件，可连续放置多个该元件。不管该元件是单个封装还是复合封装，直至按 Esc 键或点击鼠标右键结束放置。

3）Circuit 页：这是对电路窗口内电路图形的设置

页面如图 2-33 所示，分成上下两个区。

（1）Show 区：设置元件及连线上所要显示的文字项目等。共有 6 项，Show component labels 显示元件的标识；Show component reference ID 显示元件的序号（同一个电路中元件序号是唯一的，不可重复）；Show node names 显示线路上的节点编号；Show component values 显示元件参数值；Show component attribute 显示元件属性。

（2）Color 区：设置编辑窗口内各元器件和背景的颜色。可在左上方的栏内指定程序预置的几种配色方案，其中包括：Custom（由用户设置的配色方案）、Black Background（程序预置的黑底配色方案）、White Background（程序预置的白底配色方案）、White & Black（程序预置的白底黑白配色方案）及 Black & White（程序预置的黑底黑白配色方案）5 个选

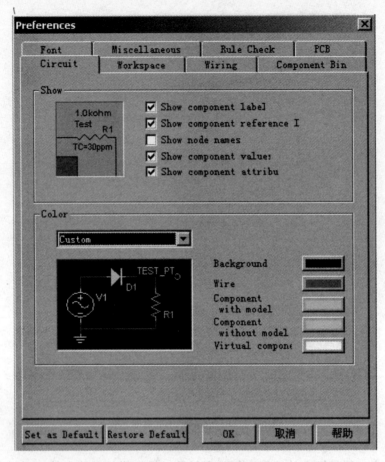

图 2-33　Circuit 页对话框

项。后 4 种配色方案由程序预置好，选中即可。而 Custom 应由用户指定，其中包括 5 项图件的颜色需分别设置，Background 为编辑区的底色，Wire 为元件连接线的颜色，component with model 为有源器件的颜色，component without model 为无源器件的颜色，Virtual component 为虚拟元件的颜色。可以点击所要设置颜色项目右边的按钮，打开色彩对话框，选取所需的颜色，然后点击"OK"按键。

　　4）Wiring 页：设置电路导线的宽度与连线的方式

　　页面如图 2-34 所示，含有两个区。

　　（1）Wire width 区：设置导线的宽度，左边是设置预览，右边栏内可输入 1～15 整数的宽度值，数值越大，导线越宽。

　　（2）Autowire 区：设置导线的自动连线方式。Autowire on connection 由程序自动连线；而 Autowire on move 在移动元件时，自动重新连线。如果不选取本选项，则移动元件时，将不能自动调整连线，而以斜线连接。

　　5）Font 页：设置元件的标识和参数值、节点、引脚名称、原理图文本和元器件属性等文字

　　页面如 2-35 图所示。

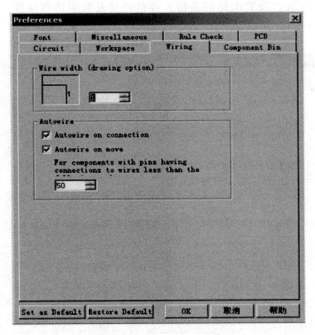

图 2-34　Wiring 页对话框

Preferences

| Circuit | Workspace | Wiring | Component Bin |
| Font | Miscellaneous | Rule Check | PCB |

Font:　　　　　　　　　　　　Font Style:　　Size:

Courier New　　　　　　　　　Regular　　　　8

Courier New　　　　　Bold　　　　　8
Garamond　　　　　　　Bold Italic　　9
Georgia　　　　　　　　Italic　　　　　10
Haettenschweiler　　　Regular　　　　11

Sample

AaBbYyZz

Change all
　☑ Component reference IDs
　☐ Component values and lab
　☐ Component attributes
　☐ Pin names
　☐ Node names
　☐ Schematic text

Apply to
　○ Selectio
　● Entire circ

Set as Default　Restore Default　　OK　　取消　　帮助

图 2-35　Font 页对话框

6) Miscellaneous 页：设置电路的备份、存盘路径及数字仿真速度

页面如图 2-36 所示，共有 3 个区。

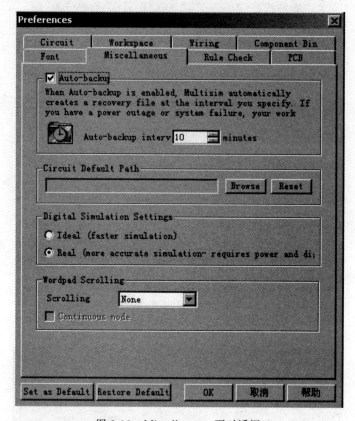

图 2-36 Miscellaneous 页对话框

（1）Auto-backup 区：用于确定选择自动备份功能和备份时间间隔，以便在断电或系统故障后恢复以前创建的文件。

（2）Circuit Default Path 区：设置预置的存取文件路径。默认路径是"我的文档"，可点击该区中的 Browse 按键进行设置。

（3）Digital Simulation Settings 区：设置数字电路的仿真方式。Ideal（faster simulation）是对数字元件进行理想化处理，仿真速度较快。Real（more accurate simulation-requires power and digital ground）是较全面地模仿现实的数字元件，其仿真精度较高，但速度较慢。

7) Rule Check 页：规则检查用于产生并显示电路的连接错误、未连接的引脚等详细报告

页面如图 2-37 所示，在此可以建立一些电气规则。通过 Definition 区中行与列交叉点上按钮设置的颜色不同来设定正确、警告和错误等。图中 ERC 符号表示含义如下。

In：输入引脚。

Out：输出引脚。

Oe：ECL 输出引脚。

Oc：集电极开路门引脚。

Bi：双向引脚。

Tri：三态电路引脚。

Pwr：电源引脚。

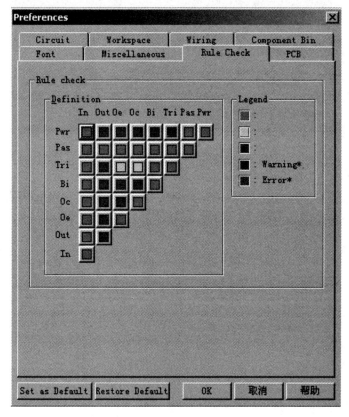

图 2-37　Rule Check 页对话框

8）PCB 页：设置 PCB 接地方式等

页面如图 2-38 所示。

可以对 Ground Option 区中 PCB 接地方式进行选择。若选中 Connect digital ground to analog，则在 PCB 中将数字接地与模拟接地连在一起；否则要将二者分开。

在输出设置中可以选择重新命名节点和器件。

2.5.2　元器件选取操作

Multisim 7 中提供三个层次的元件数据库：Multisim 7 主数据库 "Multisim Master"、用户数据库 "User" 和项目数据库。这里只介绍从 Multisim 7 主数据库即元件工具栏的元件库中选取元器件。

1）从元件工具栏的元件库中选用

选取元器件最直接的方法是从元件工具栏的元件库中选取。选取元器件时，一般首先要知道该元件是属于哪个元件库，然后将该指针指向所要选取的元件所属的元件分类库即可拉出该元件库。在 Multisim 7 主数据库 "Multisim Master" 中，提供了元件分类库、元件名称、元件引脚、元件功能、元件列表、选中元件的符号、选中元件的相关数据、元件制造厂

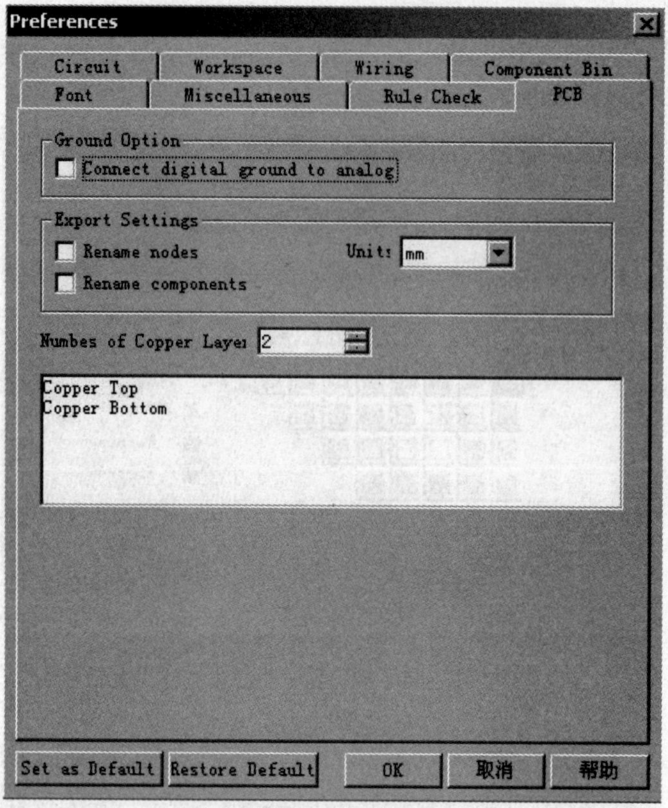

图 2-38　PCB 页对话框

商名称和模型层次等。

2）使用虚拟元件

所谓虚拟元件是指元件的大部分模型参数是该类元件的典型值，部分模型参数可由用户根据需要而自行确定的元件。严格地讲，元件库中所有元件都是虚拟元件，但在 Multisim 7 中元件模型是根据实际存在的元器件参数精心设计的，与实际存在的元件基本对应，模型精度高，仿真结果准确可靠。本书为了叙述方便，相对于虚拟元件，称此类元件为现实元件。

在现实设计中，经常要用到各式各样的参数器件，用户如能直接修改确定其中的一些参数，会给设计分析带来极大的方便。不仅如此，大多数情况下选取虚拟元件的速度要比选取现实元件快得多。如果按键的底色是绿色，表示该元件是虚拟元件，选取时可直接取出，而不必等待，也不必指定元件值或元件编号；待该元件放置在电路窗口后，其某些参数值或元件编号由用户随时更改。如果不是虚拟元件，选取元件时，必须等待程序启动该元件库。然后由用户查找并指定元件，对这种元件无法更改其参数。

以虚拟电阻为例，从虚拟电阻箱中取出默认值为 1kΩ 电阻。为了得到所需参数的电阻，可双击该电阻图标，打开其属性对话框，可以设置其参数值，包括设置电阻值和电阻的容差（即误差）；显示该电阻的标识、可能出现的故障等。

3）元件编辑操作

放置元件后，根据需要还可以对其进行移动、删除、旋转和改变颜色等操作，这些操作可用编辑菜单命令来完成，也可以点击鼠标右键后选择快捷菜单中的选项来完成。而后一种方法更快捷方便。

移动元件：指针指到所要移动的元件上，按住鼠标左键，然后移动鼠标将其移动到适当的位置后放开左键。

删除元件：指针指向所要删除的元件，点击则在该元件四角将各出现一个小方块，然后点击鼠标右键后在快捷菜单中选取 Cut 命令。

旋转元件：指针指向所要旋转的元件，点击则在该元件的四角将各出现一个小方块。然后点击鼠标右键弹出快捷菜单，选取 Flip Horizontal 命令即可左右翻转，选取 Flip Vertical 即可上下翻转，选取 90Clockwise 即可顺时针旋转 90°，选取 90CouterCW 即可逆时针旋转 90°。

改变元件的颜色：指针指向元件，点击鼠标右键弹出快捷菜单。然后选取 Color 命令，选取所要采用的颜色即可。

2.5.3　线路的连接

（1）两元件之间的连接。只要将鼠标指针移近所要连接的元件引脚一端，鼠标指针自动转变为"＋"。点击并拖动指针至另一元件的引脚，再次出现"＋"时点击，系统即自动连接这两个引脚之间的线路。

（2）元件与某一线路的中间连接。从元件引脚开始，指针指向该引脚并点击，然后拖向所要连接的线路上再点击，系统不但自动连接这两个点，同时在所连接线路的交叉点上自动放置一个接点。除了上述情况外，对于两条线交叉而过的情况，不会产生连接点，即两条交叉线并不相连。

（3）连接点的放置。如果要让交叉线相连接，可在交叉点上放置一个连接点。操作方法是，启动 Place 菜单中的 Place Junction 命令，点击所要放置连接点的位置，即可在该处放置一个连接点，两条线就会连接。

（4）设置连线与连接点的颜色。为了使电路各连线及连接点彼此之间清晰可辨，可通过设置不同的颜色来区分，方法是，将鼠标指针指向某一连线或连接点，点击鼠标右键选中，选择 Color 命令打开"颜色"对话框，选取所需的颜色，然后点击"确定"按键。

（5）删除连线和连接点。如果要删除连接点，则将鼠标指针指向所要删除的连接点，点击鼠标右键，选择 Delete 即可。

（6）放置输入输出端点。在 Multisim 7 内，连接线路必须是引脚对引脚，或引脚对线路，而不能把线路的任何端悬空。不过，对于电路的输入/输出端而言，线路的一端可能本来就是空的，所以必须放置一个输入端点或输出端点，如此才能与外电路相连。放置输入/输出端点可以启动 Place 菜单中的 Place HB/SB Connector 命令，即可取出一个浮动的输入/输出端点移至适当位置后点击，即可将其固定。

2.5.4　电路图创建举例

图 2-39 所示的是在 Multisim 7 环境下创建的晶体管放大电路，电路中有晶体管、直流电压源、交流电压源、示波器、电阻、电容等元器件。

创建该电路的基本步骤如下：

（1）设置用户界面。启动 View 菜单中的 Show Grid 命令，使电路窗口中显示栅格，目的是便于连线。启动 Options 菜单中的 Preferences 命令，在打开的 Preferences 对话框的

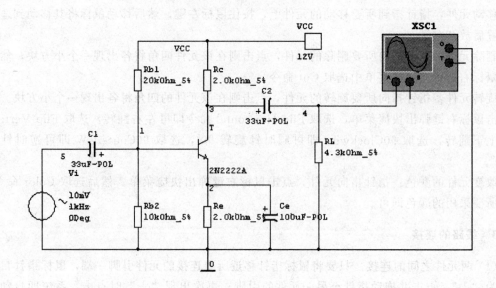

图 2-39　晶体管放大电路

Component Bin 页中选择 DIN 符号标准，其余各项保持默认值不变。

（2）先打开晶体管元件库，从 BJT NPN 箱中选取一只 2N2222A 管子，放在适当位置上。然后从相应的元件库中调出其他元件，放置在晶体管周围适当的位置上。

（3）对需要进行参数设置的元件，点击其图标，打开属性对话框进行设置处理。

（4）对需要调整方向的元件调整其方向。方法是将指针指到需要调整方向的元件单击鼠标右键，在出现的快捷菜单中选择调整所需的角度。

（5）连接线路。

2.5.5　仿真设计中布局排线的有关问题

用 Multisim 7 软件可以方便地实现模拟电路的仿真运行，也可以实现数字逻辑电路的仿真实验，会操作计算机的学生做电路仿真实验，会感觉得心应手，因此 Multisim 7 仿真软件可以帮助提高学习质量。前一阶段，一些学生已经使用这种软件设计实现了一百进制与六十进制变换的可控计数器电路、BCD 码加法器电路、ALU 算术逻辑运算单元等电路的仿真实验，以后会有更多的学生使用这种软件做更多的设计性仿真实验，借鉴前一阶段学生上机表现出的问题，考虑到以后的学生少走弯路，这里作出简要说明。

在应用 Multisim 7 仿真软件时，要根据设计的电路草图从软件库中提取所用的元器件到空白文档中，包括电源符号和地符号，统一排列元件的布局，合理地分布元件间距离，走线的距离和走线的根数决定了元件间的位置。布线要尽量减少线间交叉现象，设计时要调整好整体的布局布线方案，数码显示器件及测量仪表要放在合适的位置，个位与十位的数码显示要分清楚，以便于合理观察。输入量可以定义为逻辑开关、信号源以及用数字逻辑信号源等，根据电路的要求不同而选择不同。输出量与输入量可以用逻辑状态指示灯分别观察，也可以使用示波器或逻辑分析仪来观察。图 2-40 给出一个通过仿真运行后粘贴下来的电路图，作为学习 Multisim 7 仿真软件的布局、布线的参考图，大家可以通过这张图大致了解设计图纸时元器件的合理放置，这里除了元件的布局、布线以外还用到了示波器、数码显示器件、逻辑状态指示灯等测试件，整体电路结构应作为范图来解读会有利于入门深造。有关Multisim 7软件的使用大家最好在上机前预习，到实验室时应该具有元件库和仪表库的基本概念，以便上机操作学习效果更好些。

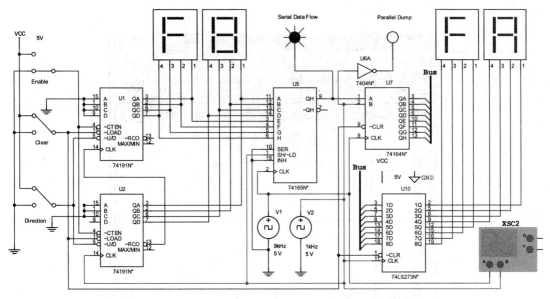

图 2-40　Multisim 7 仿真软件的布局、连线的参考图

2.6　Multisim 7 的分析功能简介

启动 Simulate 菜单中的 Analyses 命令，即可弹出一个下拉菜单项。其中共有 19 种分析功能，分别为直流工作点分析、交流分析、瞬态分析、傅里叶分析、噪声分析、噪声图形分析、失真分析、直流扫描分析、灵敏度分析、参数扫描分析、温度扫描分析、极点-零点分析、传输函数分析、最坏情况分析、蒙特卡罗分析、批处理分析、用户定义分析及 RF 分析等。

2.6.1　分析结果的观察

启动 View 菜单选择 Grapher 便弹出一个名为 Analysis Graphs 的窗口，这是一个多用途地显示仿真结果的活动窗口，主要用来显示各种分析所产生的图形或图表，也可以显示一些仪表（如示波器或波特图仪等）的图形轨迹。另外还可以调整、保存和输出仿真曲线或图表。

显示图形时，沿水平轴和垂直轴方向数据被显示成一条或多条图形轨迹；显示图表时，数据按行列方式排列。显示窗口可以由多页组成，每页的上侧是名称、分析方法，下面是图表/图形。每页有两个可激活区，整页或单个图表/图形区，由左侧的红色箭头来指示。当鼠标点击页名时，红色箭头指向页名，表示选中整页，此时可以设置页面的属性，如设置页名、设置图表/图形的标题等；当鼠标点击某个图表/图形区时，红色箭头指向图表/图形，表示选中该图表/图形，此时也可以进行某些功能操作。有关窗口属性的设置方法这里不再说明。

图 2-41 所示为单管放大器交流分析的结果，显示在 Analysis Graphs 的窗口中。从图中可以看出，该窗口与一般的 Windows 界面相似，有标题栏、菜单栏、工具栏、显示窗口和状态栏。

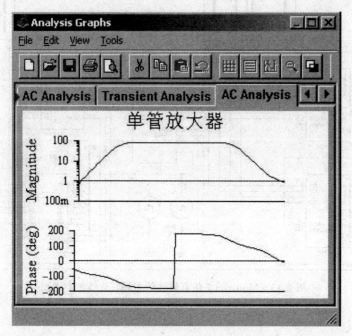

图 2-41　Analysis Graphs 的显示窗口

这里着重介绍有特色的功能。点击 View 菜单，选择 Show/Hide Cursors（显示/隐藏指针），可以得到图 2-42。图中的指针与示波器屏上的读数指针相同。

2.6.2　功能分析的一般设置

单击分析图标或者点击 Simulate 菜单选择 Analyses，弹出一个下拉菜单，选中相应的分析功能，此时产生一个对话框，通常包含有一些页面，如图 2-43 所示。设置好相应项目后，就可以进行仿真。

Analysis Parameters 页：用于设置某一分析功能的参数。不同的分析方法 Analysis Parameters 页不同，设置的参数也不同。

Output Variables 页：主要用于选定所要分析的节点，如图 2-43 所示。不同的分析方法 Output Variables 页基本相同，可以从 Variables in circuit 栏中选定用于分析的节点，通过 Add 按键添加。去掉某一节点时，通过 Remove 按键完成。选择 Simulate 按键便可以进行功能分析。

Miscellaneous Options 页：用于设置与仿真分析有关的其他选项，包括分析后图表/图形的标题及功能分析的典型值，大部分项目应该采用默认值。

Summary 页：用于对分析设置进行汇总确认。在此给出了所设定的参数和选项，用户可检查分析设置是否正确。

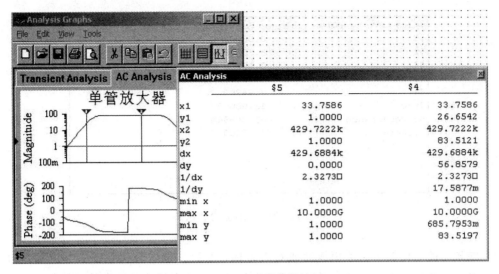

图 2-42　显示读数指针

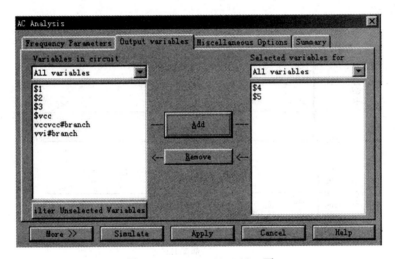

图 2-43　Output Variables 页

2.6.3　分析功能简介

1）直流工作点分析

直流工作点分析（DC Operating Point Analysis）是在电路电感短路、电容开路的情况下，计算电路的静态工作点。直流分析的结果通常可用于电路的进一步分析，如在进行暂态分析和交流小信号分析之前，程序会自动先进行直流工作点分析，以确定暂态的初始条件和交流小信号情况下非线性器件的线性化模型参数。

以图 2-39 所示的晶体管放大电路为例，分析了节点 1、2、3、4、5 的直流电压及两支路的电流，结果如图 2-44 所示。

2）交流分析

交流分析（AC Analysis）是在给定的频率范围内，计算电路中任意节点的小信号增益

DC Operating Point		
$5	0.00000	
$2	3.30928	
$4	0.00000	
$3	8.70602	
$1	3.94900	
$vcc	12.00000	
vccvcc#branch	-2.04954m	
vvi#branch	0.00000	

图 2-44　直流工作点分析结果

及相位随频率的变化关系。可用线性或对数坐标，并以一定的分辨率完成上述频率扫描分析。在对以电路中的小信号电路进行 AC 频率分析时，数字器件对地将呈高阻态。

图 2-45 所示的结果是对图 2-39 晶体管放大电路中节点 4 和 1 分析得到的幅频特性曲线和相频特性曲线。

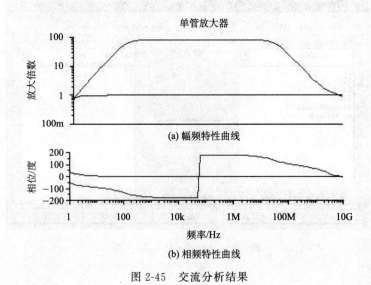

图 2-45　交流分析结果

3）瞬态分析

瞬态分析（Transient Analysis）是在给定的起始与终止时间内，计算电路中任意节点上电压随时间的变化关系。瞬态分析的结果通常是分析节点的电压波形，用示波器可观察相同的结果。

对图 2-39 所示的晶体管放大电路的节点 4 和 5 进行瞬态分析，可以得到图 2-46 的结果。

4）傅里叶分析

傅里叶分析（Fourier Analysis）是在给定的频率范围内，对电路的瞬态响应进行傅里叶分析，计算出该瞬态响应的 DC 分量、基波分量以及各次谐波分量的幅值及相位。

5）噪声分析

噪声分析（Noise Analysis）是对指定的电路输出节点、输入噪声源以及扫描频率范围，

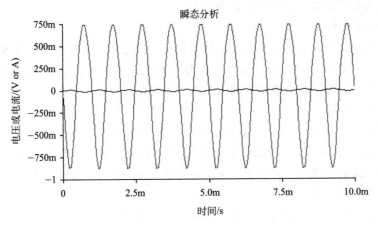

图 2-46　瞬态分析结果

计算所有电阻与半导体器件所贡献的噪声的均方根值。

6）失真分析

失真分析（Distortion Analysis）是对给定的任意节点以及扫频范围、扫频类型（线性或对数）与分辨率，计算总的小信号稳态谐波失真以及互调失真。

7）直流扫描分析

直流扫描分析（DC Sweep Analysis）是计算电路中某一节点上的直流工作点随电路中一个或两个直流电源的数值变化的情况。利用直流扫描分析，可快速地根据直流电源的变动范围确定电路静态工作点。它的作用相当于每变动一次直流电源的数值，则对电路做几次不同的仿真。注意：如果电路中有数字器件，可将其当作一个大的接地电阻处理。

8）灵敏度分析

灵敏度分析（Sensitivity Analysis）是计算电路的输出变量对电路中元器件参数的敏感程度。Multisim 提供直流灵敏度与交流灵敏度的分析功能。直流灵敏度的仿真结果以数值的形式显示，交流灵敏度仿真的结果则以相应的曲线表示。

9）参数扫描分析

参数扫描分析（Parameter Sweep Analysis）是对给定的元件及其要变化（扫描）的参数和扫描范围、类型（线性或对数）与分辨率，计算电路的 DC、AC 或瞬态响应，从而可以看出各个参数对这些性能的影响程度。

10）温度扫描分析

温度扫描分析（Temperature Sweep Analysis）是对给定的温度变化（扫描）范围、扫描类型（线性或对数）与分辨率，计算电路的 DC、AC 瞬态响应，从而可以看出温度对这些性能的影响程度。

11）零–极点分析

零–极点分析（Pole-Zero Analysis）是对给定的输入与输出节点，以及分析类型（增益或阻抗的传递函数，输入或输出阻抗），计算交流小信号传递函数的零、极点，从而可以获得有关电路稳定性的信息。

12）传递函数分析

传递函数分析（Transfer Function Analysis）是对给定的输入源与输出节点，计算电路的小信号传递函数以及输入、输出阻抗和增益。

13）最坏情况分析

最坏情况分析（Worst Case Analysis）是指当电路中所有元件的参数在其容差范围内改变时，计算所引起的 DC、AC 或瞬态响应变化的最大方差。所谓"最坏情况"是指元件参数的容差设置为最大值、最小值或者最大上升或下降值。

14）蒙特卡罗分析

蒙特卡罗分析（Monte Carlo Analysis）是指在给定的容差范围内，计算当元件参数随机变化时，对电路的 DC、AC 与瞬态响应的影响。可以对元件参数容差的随机分布函数进行选择，使分析结果更符合实际情况。通过该分析可以预计由于制造过程中元件的误差，而导致所设计的电路不合格的概率。

有关各功能分析的详细说明可参见 Multisim 7 的帮助文件。

第3章 模拟电子技术实验

实验1 晶体管放大器（一）

实验目的

（1）学习用万用表来辨别三极管管脚、类型和检验三极管的好坏。

（2）学习放大电路静态工作点的测试方法，进一步理解电路元件参数对静态工作点的影响，以及调整静态工作点的方法。

（3）熟悉用晶体管特性图示仪来测试三极管的特性曲线和主要参数。

实验仪器、设备与器件

（1）万用表。

（2）综合电子实验箱。

（3）晶体管特性图示仪。

（4）三极管 9014A（BC547），电位计、电阻及电容。

实验内容与步骤

1）表演实验

用晶体管特性图示仪测试三极管的输入、输出特性曲线。根据特性曲线测定参数 β、$\bar{\beta}$。观察三极管击穿现象，测定 $U_{(BR)CEO}$。观察温度对三极管特性的影响以及把三极管集电极、发射极互换（倒置工作）后的输出特性。

2）用万用表测试半导体三极管

使用万用表的欧姆挡（$R \times 100\Omega$ 或 $R \times 1k\Omega$）来测试给定的两个三极管。确定三极管的基极（b）、集电极（c）和发射极（e）；判断管子的类型（PNP 或 NPN）；检验管子的好坏，将选出的一只好管子的有关数据填入表 3-1 中。

表 3-1　数据表

管子型号	R_{be}	R_{eb}	R_{bc}	R_{cb}	R_{ce}	R_{ec}	管子类型	测量挡

表中 R 下标的意义规定如下：以 R_{be} 为例，b 为基极接万用表黑表笔；e 为发射极接万用表红表笔。

3）组装电路及调节、测试静态工作点

按照图 3-1 所示电路，在实验仪上安置元件，连接电路，在检查实验电路接线无误之后方可接通电源。

调节电位器 R_{b2}，使 $U_C = 3V$。测量 U_B 及 R_{b2}。在测试 R_{b2} 时，应将其与三极管断开，并且切断电源。按下式计算静态工作点。

$$I_B = \frac{V_{CC} - U_B}{R_b} \quad I_C = \frac{V_{CC} - U_C}{R_c} \quad \bar{\beta} = \frac{I_C}{I_B} \quad U_{CE} = U_C$$

将测试数据及计算结果填入表 3-2。

表 3-2　测试数据及计算结果

R_c	R_{b2}	U_C	U_B	I_B	I_C	$\bar{\beta}$	静态工作点位置
3kΩ		3V					
3kΩ	0Ω						
3kΩ	470kΩ						
3kΩ	be 短接						
12kΩ							

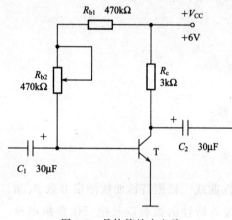

图 3-1　晶体管放大电路

4）观察 R_b 改变对静态工作点的影响

（1）减小 R_b，观察 U_C 的变化情况。调节 R_b 为最小阻值（$R_{b2} = 0Ω$）时，测量 U_C、U_B 计算 I_B、I_C。

（2）增大 R_b，观察 U_C 的变化情况。调节 R_b 为最大阻值（$R_{b2} = 470kΩ$）时，测量 U_C、U_B 计算 I_B、I_C。

（3）将三极管基极与发射极短路，然后再测量 U_C，U_B。

将以上各种情况下的测量数据及计算结果填入表 3-2，并判断三极管的静态工作点位置。

5）观察 R_c 对静态工作点的影响

按实验内容 3）的条件调节 R_{b2}，然后将集电极电阻 R_c 由 3kΩ 更换为 12kΩ。重新测量 U_C 和 U_B，计算出 I_B 和 I_C，判断静态工作点位置，将数据填入表 3-2 中。

实验报告要求

（1）整理实验数据，进行必要的分析、计算和讨论，按实验内容与步骤中各项要求填写表格。

（2）讨论 R_b、R_c 改变对静态工作点的影响。

（3）讨论三极管工作在不同状态时，$\bar{\beta}$ 的变化情况。

预习要求

（1）阅读有关万用表的内容，了解有关使用万用表测试晶体管的方法。

（2）预习阻容耦合共射极基本放大电路的工作原理及电路中各元件的作用。

思考题

（1）用万用表测试小功率三极管时，为什么要用 $R×100Ω$ 或 $R×1kΩ$ 挡？

（2）如何正确测量 R_{b2}？如不断开 V_{CC} 或三极管，用欧姆挡测 R_{b2} 会出现什么后果？

实验 2　晶体管放大器（二）

实验目的

（1）学习、掌握放大电路的设计方法。

（2）学会晶体管毫伏表、示波器及函数发生器的使用方法。

（3）学会测量放大电路的电压放大倍数、输入电阻、输出电阻及最大不失真输出电压幅值的方法。

（4）观察放大电路的非线性失真，以及电路参数对失真的影响。

设计任务与要求

1）基本设计任务与要求

设计一个能稳定静态工作点的放大电路，放大倍数 $|\dot{A}_u| \geqslant 50$。先用 Multisim 7 进行软件仿真，然后在实验箱上完成，具体要求参见实验内容与步骤。假设晶体管 9014A（BC547）的 $\beta = 60 \sim 150$，$I_{CM} \approx 100 \mathrm{mA}$，$P_{CM} \approx 450 \mathrm{mW}$，负载电阻 $R_L = 5.1 \mathrm{k\Omega}$。

参考器件见实验仪器、设备与器件。

2）扩展设计任务与要求

提高输入电阻，使 $R_i > 100 \mathrm{k\Omega}$；降低输出电阻，使 $R_o < 100 \Omega$；提高放大倍数为 $|\dot{A}_u| \geqslant 200$。要求用 Multisim 7 进行仿真或者在实验箱上完成，并测量出设计指标。

（提示：可以选择多级放大电路来完成，输入级、输出级采用射极输出器）

实验原理

1）静态工作点与电路参数的设计

静态工作点对于放大电路来说是十分重要的，只有选择合适的静态工作点，放大电路才能稳定可靠地工作，因此静态工作点的合理选择必不可少。

（1）静态工作点的选择。

放大器的基本任务是不失真地放大输入小信号，但由于晶体管特性存在着非线性，当电路工作条件不合适时，就会使放大器有可能产生非线性失真。而静态工作点的选择合理与否又是至关重要的，当静态工作点的选择不当，信号工作点的变化范围进入晶体管非线性区域时，就会引起非线性失真。为了扩大输出动态范围，静态工作点应远离截止区和饱和区，最好是放大器的静态工作点设置在交流负载线的中点。以图 3-2 所示的 NPN 硅管放大电路为例，晶体管基极直流电位 U_{BQ} 一般选取 $3 \sim 5 \mathrm{V}$，基极分压电阻 R_{b1} 上流过的电流 I_{R_b} 一般选为基极电流 I_B 的 $5 \sim 10$ 倍。

（2）电路参数的设计。

对图 3-2 所示的放大电路进行分析，有

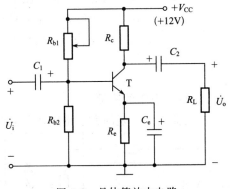

图 3-2　晶体管放大电路

$$I_B \approx \frac{U_{BQ}}{(1+\beta)R_e}$$

因此电阻 R_e 可以选取为

$$R_e = \frac{U_{BQ}}{(1+\beta)I_B}$$

其中 β 可在 $60\sim150$ 中选取一个适当值。U_{BQ} 一般选取 $3\sim5V$。对于小信号放大器,集电极电流 I_{CQ} 一般取 $0.5\sim2mA$。

由于 R_{b1} 上流过的电流 I_{Rb} 一般选为 $I_{Rb} = (5\sim10)I_B$,所以电阻 R_{b1}、R_{b2} 可由下面关系式得到

$$R_{b1} = \frac{V_{CC} - U_{BQ}}{I_{Rb}}, \qquad R_{b2} = \frac{U_{BQ}}{I_{Rb} - I_B}$$

由于 $r_{be} = 300 + (1+\beta)\dfrac{26mV}{I_{EQ}}$,且 $\dot{A}_u = -\dfrac{\beta R'_L}{r_{be}}$,可得

$$R'_L = \frac{|\dot{A}_u| r_{be}}{\beta}, \qquad R_C = \frac{R'_L R_L}{R_L - R'_L}$$

电容 C_1、C_2 和 C_e 可选择较大容量的电解电容。

(3)静态工作点的测量。

放大电路如图 3-2 所示,接通电源后,在放大器输入端不加交流信号时,测量晶体管静态集电极电流 I_{CQ} 和管压降 U_{CEQ}。其中 U_{CEQ} 可直接用万用表直流电压挡测量,而 I_{CQ} 的测量有下述两种方法:

一种方法为直接测量法,即将万用表置于适当量程的直流电流挡,断开集电极回路,将表串联接入回路中,此法测量精度高,但比较麻烦。

另一种方法是计算法,用万用表直流电压挡测出集电极电阻 R_C 上的电压降 U_{RC},然后利用公式 $I_{CQ} = \dfrac{U_{RC}}{R_C}$ 计算出 I_{CQ}。

2)电压放大倍数的测量

电压放大倍数的测量实质上是测量输入电压 u_i 与输出电压 u_o 的有效值 U_i 和 U_o。实际测试时,应保证在被测波形无明显失真和测试仪表的频率范围符合要求的条件下进行。将测得的 U_i 和 U_o 代入下面的公式,则可计算出电压放大倍数

$$A_u = \frac{U_o}{U_i}$$

3)输入电阻的测量

放大器输入电阻的大小是用来衡量放大器对前级信号功率消耗的大小,是放大器的一个重要性能指标。测量原理如图 3-3 所示。在放大器的输入回路中串联一个已知电阻 R,加入信号源的交流电压 u_s 后,在放大器输入端产生一个电压 u_i 及电流 i_i。

则有

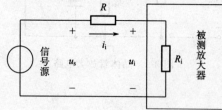

图 3-3 输入电阻测量原理图

$$R_i = \frac{u_i}{i_i}$$

又因为

$$i_i = \frac{u_s - u_i}{R}$$

所以

$$R_i = \frac{u_i}{u_s - u_i}R$$

4）输出电阻的测量

放大器输出电阻的大小用来衡量放大器带负载的能力。当放大器将放大的信号输出给负载时，对负载来说，放大器就相当于一个信号源，而这个信号源的等效内阻 R_o 就是放大器的输出电阻。R_o 越小，放大器输出就越接近于恒压源，带负载的能力就越强。

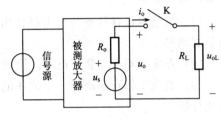

图 3-4　输出电阻测量原理图

放大器输出电阻的测量电路如图 3-4 所示。在放大器输入端加上一个固定的信号电压，选定一负载 R_L，分别测量开关 K 断开和接上时的输出电压 u_o 和 u_{oL}。

有负载时

$$R_o = \frac{u_s - u_{oL}}{i_o}$$

而

$$i_o = \frac{u_{oL}}{R_L}$$

当负载开路时

$$u_s = u_o$$

所以可得到

$$R_o = \left(\frac{u_o}{u_{oL}} - 1\right)R_L$$

5）幅频特性的测量

放大器的幅频特性是指在输入正弦信号时放大器电压增益随信号源频率而变化的稳态响应。当输入信号幅值保持不变时，放大器的输出信号幅度将随着信号源频率的高低而改变，即当信号频率太高或太低时，输出幅度都要下降；而在中间频带范围内，输出幅度基本不变。通常称增益下降到中频增益的 0.707 倍时所对应的上限频率 f_H 和下限频率 f_L 之差为放大器的通频带 f_{bw}，即

$$f_{bw} = f_H - f_L$$

一般采用逐点法测量幅频特性，保持输入信号电压 u_i 的幅值不变，逐点改变输入信号的频率，测量放大器相应的输出电压 u_o，由 $A_u = \frac{u_o}{u_i}$ 计算对应于不同频率下放大器的电压增益，从而得到该放大器增益的幅频特性。

实验仪器、设备与器件

（1）万用表。

（2）晶体管毫伏表。

（3）综合电子实验箱。

（4）函数发生器。

（5）TDS1002 型数字示波器。

（6）三极管：9014A（BC547）若干；电位计：1kΩ、10kΩ、100kΩ、500kΩ 若干；电阻：51Ω、100Ω、200Ω、1kΩ、2kΩ、3kΩ、4.3kΩ、8.2kΩ、10kΩ、20kΩ、30kΩ、100kΩ、200kΩ 若干；电容：1μF、10μF、30μF、100μF 若干。

实验内容与步骤

（1）按基本设计任务与要求设计出具体的电路图，并用 Multisim 7 进行软件仿真，分析仿真结果。

（2）在实验箱上安装好电路，检查实验电路接线无误之后接通电源。

（3）直流工作点的测量。测试并记录 U_{BEQ}、I_{CQ} 和 U_{CEQ}，将实测的值与理论计算值进行对比分析。

（4）测量放大电路的电压放大倍数。从正弦信号发生器上用屏蔽线接入输入信号使其频率为 $f = 1kHz$，有效值 $U_i = 10mV$。然后用示波器观察输入电压波形和负载 R_L 上输出电压波形。在波形不发生失真的条件下，用毫伏表测出输出电压有效值 U_o，计算出电压放大倍数。

（5）测量输入电阻和输出电阻。输入信号不变，在输入回路中串入一个与输入电阻阻值相近的电阻 R，分别测出电阻 R 两端对地信号电压 U_s 和 U_i，并按下式计算输入电阻 R_i：

$$R_i = \frac{U_1}{U_s - U_i} R$$

测输出电阻时，将放大器输出端与负载电阻 R_L 断开，用毫伏表测出开路电压 U_o，然后接上负载 R_L，测得输出电压 U_{oL}，并按下式计算输出电阻 R_o 即可：

$$R_o = \left(\frac{U_o}{U_{oL}} - 1 \right) R_L$$

（6）观察负载电阻对放大倍数的影响。将负载电阻更换，重新测定放大电路的电压放大倍数，并把数据记录下来。

（7）测定最大不失真输出电压幅值。调节信号发生器，逐渐增大输入信号，同时观察输出电压波形的变化，然后测出一个在波形无明显失真的最大允许输入电压和输出电压有效值，最后计算出最大输出电压幅值。

（8）观察静态工作点改变对放大性能的影响。

① 在步骤（3）的基础上，用示波器观察正常工作时输出电压的波形，并描画下来。

② 逐渐减小偏置电阻 R_{b1}，观察输出电压波形的变化，在输出电压波形出现明显削顶时，把失真波形描画下来，并说明是哪一种失真，如果偏置电阻为最小时仍不出现失真，可以加大输入信号的幅值，直至出现失真波形。

③ 逐渐增大偏置电阻 R_{b1}，观察输出电压波形的变化，在输出电压波形出现明显削顶失真时，把失真波形描画下来，并说明是哪一种失真，如果偏置电阻为最大时仍不出现失真，可以加大输入信号的幅值，直至出现失真波形。

④ 调节偏置电阻 R_{b1}，使输出电压波形不失真且幅值为最大，测量此时的静态工作点 U_C、U_B 和输出电压的大小。

（9）按扩展设计任务与要求设计出具体的电路图，可以用 Multisim 7 进行软件仿真，分析仿真结果。或者在实验箱上完成，测量出输入电阻、输出电阻、电压放大倍数等指标并记录。

实验报告要求

（1）写出设计原理、设计步骤及计算公式，画出电路图，并标注元件参数值。

（2）整理实验数据，计算实验结果，画出波形。

（3）把设计指标 A_u、R_i 和 R_o 与实验结果进行比较，说明误差原因。

（4）总结为提高电压放大倍数应采取哪些措施。

（5）分析输出波形失真的原因及性质，并提出消除失真的措施。

预习要求

（1）复习共射极放大电路的工作原理及非线性失真等有关内容。

（2）阅读有关晶体管毫伏表、信号发生器、示波器的使用方法说明。

（3）按设计任务与要求设计出电路图。

思考题

（1）测试放大电路的电压放大倍数时，为什么要用示波器监视输出电压波形？

（2）电路中电容的作用是什么？电容的极性应怎样正确连接？

实验 3　场效应管放大器

实验目的

（1）了解结型场效应管的特点，掌握场效应管基本放大电路的设计方法。

（2）进一步熟悉示波器等有关仪器的使用方法和基本放大电路的主要性能指标的测试。

设计任务与要求

1）基本设计任务与要求

设计一个场效应管放大电路，放大倍数 $|\dot{A}_u|\geqslant10$，输入电阻 $R_i>1\mathrm{M}\Omega$，先用 Multisim 7 进行软件仿真，然后在实验箱上完成，具体要求参见实验内容与步骤。设场效应管 3DJ6F 的 $I_{DSS}=1\sim3.5\mathrm{mA}$，$g_m>1\mathrm{mA/V}$，$U_p<|-9\mathrm{V}|$，负载电阻 $R_L=3\mathrm{k}\Omega$。

参考器件见实验仪器、设备与器件。

2）扩展设计任务与要求

提高输入电阻为 $R_i>10\mathrm{M}\Omega$，降低输出电阻为 $R_o<500\Omega$，提高放大倍数为 $|\dot{A}_u|\geqslant100$。要求用 Multisim 7 进行仿真或者在实验箱上完成，并测量出设计指标。

（提示：可以选择多级放大电路来完成，输出级采用源极输出器）

实验原理

为了设计安装好场效应管放大器，必须了解场效应管的特点及其调试方法。

1）场效应管的特点

场效应管与双极型晶体管比较有如下特点：

（1）场效应管为电压控制型元件。

（2）输入阻抗高（尤其是 MOS 场效应管）。

（3）噪声系数小。

（4）温度稳定性好，抗辐射能力强。

（5）结型管的源极（S）和漏极（D）可以互换使用，但切勿将栅（G）、源（S）极电压的极性接反，以免 PN 结因正偏过流而烧坏。对于耗尽型 MOS 管，其栅源偏压可正可负，使用较灵活。

2）结型场效应管的特性及参数

结型场效应管的特性主要有输出特性和转移特性，如图 3-5 所示，此图为 N 沟道结型场效应管 3DJ6F 的输出特性和转移特性曲线。其直流参数主要有饱和漏极电流 I_{DSS}、夹断电压 U_p 等；交流参数主要有低频跨导 g_m 等。

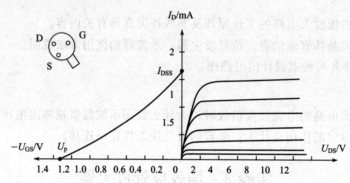

图 3-5　N 沟道结型场效应管 3DJ6F 的输出特性和转移特性曲线

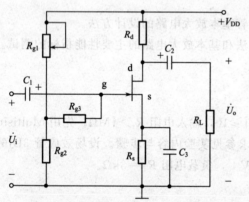

图 3-6　分压式自偏压共源放大电路原理图

3）电路参数的确定

与双极型晶体管放大器一样，为使场效应管放大器正常工作，也需要选择恰当的直流偏置电路以建立合适的静态工作点。场效应管放大器的偏置电路形式主要有自偏压电路和分压式自偏压电路两种。图 3-6 所示为分压式自偏压共源放大电路。静态工作点的调整可以由电位计 R_{g1} 完成。

从给定的器件参数范围中选择 I_{DSS}、g_m、U_p 的适当值。因为存在关系式

$$g_m = \frac{-2I_{DSS}}{U_p}\left(1 - \frac{U_{GS}}{U_p}\right)$$

所以

$$U_{GS} = U_p + \frac{g_m U_p^2}{2I_{DSS}}$$

又由于

$$I_D = I_{DSS}\left(1 - \frac{U_{GS}}{U_p}\right)^2$$

$$R_s = \frac{U_s}{I_D}$$

因此选择适当的 U_s，就可以确定电阻 R_s。

至于 R_{g1} 和 R_{g2} 的确定可以由下列关系式得到：

$$U_G = U_{GS} - U_S = \frac{R_{g2}}{R_{g1} + R_{g2}} V_{DD}$$

R_{g3} 由输入电阻 R_i 的指标确定

$$R_{g3} = R_i - R_{g1} // R_{g2}$$

R_d 的大小需考虑放大倍数 $A_u = -g_m R'_L$ 而定。

电容 C_1、C_2 和 C_s 可选择较大容量的电解电容以满足中频的需要。

4）测试方法

场效应管放大器的静态工作点、电压放大倍数和输出电阻的测量方法，与实验 2 中晶体管放大器的测量方法相同。但由于场效应管的输入电阻 R_i 比较大，限于测量仪器的输入电阻有限，其输入电阻的测量如果采用直接测输入电压 U_s 和 U_i 的方法，必然会带来较大的误差。因此为了减小误差，常利用被测放大器的隔离作用，通过测量输出电压 U_o 来计算输入电阻。测量电路如图 3-7 所示。在放大器的输入端串联接入电阻 R，把开关 K 闭合（$R=0$），测量放大器的输出电压 $U_{o1} = A_u U_s$；保持 U_s 不变，再把开关 K 断开（接入 R），测出相应的输出电压 U_{o2}。由于两次测量中 A_u 和 U_s 保持不变，所以有

$$U_{o2} = A_u U_i = A_u U_s \frac{R_i}{R + R_i}$$

从而得出

$$R_i = \frac{U_{o2}}{U_{o1} - U_{o2}} R$$

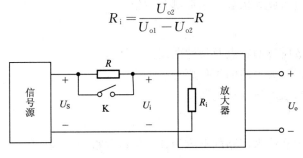

图 3-7 输入电阻测量原理图

实验仪器、设备与器件

（1）万用表。

（2）晶体管毫伏表。

（3）综合电子实验箱。

（4）函数发生器。

（5）TDS1002 型数字示波器。

（6）结型场效应管：3DJ6F；电位计：1kΩ、10kΩ、100kΩ、500kΩ 若干；电阻：51Ω、100Ω、200Ω、1kΩ、2kΩ、3kΩ、4.3kΩ、8.2kΩ、10kΩ、20kΩ、30kΩ、100kΩ、200kΩ、1MΩ、2MΩ、10MΩ 若干；电容：1μF 、10μF 、30μF、100μF 若干。

实验内容与步骤

(1) 按基本设计任务与要求设计出具体的电路图,并用 Multisim 7 进行软件仿真,分析仿真结果。

(2) 在实验箱上安装好电路,检查实验电路接线无误之后接通电源。

(3) 直流工作点的测量。用万用表测量 U_G、U_S 和 I_D,把结果记录下来,得到 U_{GS}、U_{DS} 和 I_D 后,检查静态工作点是否在特性曲线的适当部位。

(4) 若不合适,修改电路的参数,重新设计电路中的阻值,再测量 U_G、U_S 和 I_D,并记录。

(5) 测量放大器电压放大倍数。由信号发生器输入 $f=1\text{kHz}$ 的正弦信号 U_i,调节信号源电压大小,用示波器观察电路的输出电压。在放大器输出电压较大而不失真的条件下,测量 U_o 及 U_i,计算出 A_u。

(6) 测量输入电阻 R_i 和输出电阻 R_o。

(7) 用示波器同时监视 U_o 及 U_i 波形,逐渐增大输入电压 U_i,读出最大不失真输出电压值。

(8) 按扩展设计任务与要求设计出具体的电路图,可以用 Multisim 7 进行软件仿真,分析仿真结果。或者在实验箱上完成,测量出输入电阻、输出电阻、电压放大倍数等指标并记录。

实验报告要求

(1) 写出设计原理、设计步骤和计算公式,画出电路图,并标注元件参数值。

(2) 整理实验数据,计算实验结果,画出最大不失真输出电压波形。

(3) 总结为提高电压放大倍数应采取哪些措施。

预习要求

(1) 复习结型场效应管的特点及特性曲线。

(2) 复习场效应管放大电路的工作原理。

(3) 按设计任务与要求设计出电路图。

思考题

(1) 场效应管放大器输入回路的电容为什么可以取得小一些?

(2) 在测量场效应管静态工作电压 U_{GS} 时,能否用直流电压表直接并在 G、S 两端测量?为什么?

(3) 为什么测量场效应管输入电阻时要用测量输出电压的方法?

实验 4 功率放大电路

实验目的

(1) 了解 OTL 功率放大器的工作原理,掌握集成功率放大电路的设计方法。

(2) 学习功率放大电路性能指标的测量方法。

设计任务与要求

1) 基本设计任务与要求

设计一个功率放大电路,不失真输出功率 $P_o \geqslant 5\text{W}$,输入电阻 $R_i \geqslant 100\text{k}\Omega$,效率 $\eta \geqslant$

50%，下限截止频率 $f_L \geq 80\text{Hz}$。已知负载 $R_L = 8\Omega$，集成功放 LM384 的主要参数如下：

电源电压 $V_{CC} = 12 \sim 28\text{V}$，最大电流 $I = 1.3\text{A}$，输入电阻 $R_i = 100 \sim 150\text{k}\Omega$，放大倍数 $A_u = 40 \sim 60$，带宽 $f_{bw} = 450\text{kHz}$。

实验的具体要求见实验内容与步骤。参考器件见实验仪器、设备与器件。

2）扩展设计任务与要求

不失真输出功率 P_o 保持为 5W 时尽量提高放大器的效率。要求在实验箱上完成，并测量出相应指标。

实验原理

1）**集成功率放大器的原理**

集成功率放大器由集成功放块和一些外部阻容元件构成，它具有线路简单、性能优越、工作可靠、调试方便等优点，已经成为在音频领域中应用十分广泛的功率放大器。

电路中最主要的组件为集成功放块，它的内部电路与一般分立元件功率放大器不同，通常包括前置级、推动级和功率级等几部分。有些还具有一些特定功能（消除噪声、短路保护等）的电路。其电压增益较高。集成功放块的种类很多。本实验采用的集成功放型号为 LM384，其内部接线如图 3-8 所示。

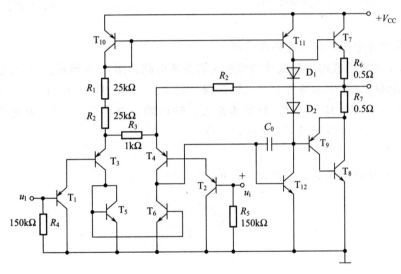

图 3-8　LM384 的原理图

以三极管 $T_1 \sim T_4$ 构成复合管差动输入级，T_5、T_6 构成的镜像电流源作为有源负载。

输入级的单端输出信号传送至由 T_{12} 组成的共射中间级，T_{10}、T_{11} 构成有源负载，这一级的主要作用是提高放大倍数，其中 C_0 是补偿电容，以保证电路稳定工作。

T_7、T_8、T_9 和 D_1、D_2 组成通常的互补对称输出级。

差动输入级的静态工作电流分别由输出端和电源正端通过电阻 R_1 和 R_2 来供给。为改善电路的性能，引入了交直流两种反馈。直流反馈是由输出端通过 R_2 引到输入级，以保持静态输出电压基本恒定。交流反馈是由 R_2 和 R_3 引入的，可以判断，引入的反馈为电压串联负反馈，其反馈系数为 $F_u = (R_3/2)/(R_2 + R_3/2)$，这样就能维持电压放大倍数的恒定。

2）**集成组件外围元件参数的估算**

LM384 功率放大器特性图如图 3-9 所示，是负载电阻为 8Ω 时输出功率、器件损耗、谐

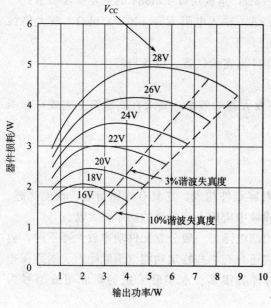

图 3-9　LM384 功率放大器特性图

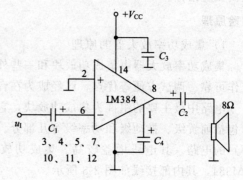

图 3-10　LM384 的外部接线图

波失真度以及电源电压之间的关系曲线图。

由 LM384 集成功放构成的低频功率放大器参考电路如图 3-10 所示。为了便于组件散热和降低连线端阻抗，输出端备有 7 个地线管脚（3、4、5、7、10、11、12）。LM384 允许的最大电源电压为 28V。其 C_1、C_2 分别为输入、输出耦合电容，C_3、C_4 为电源滤波电容，各元件参数选择依据可参照以下方案进行估算。

（1）电源 V_{CC}。

根据设计指标要求的额定功率和负载 R_L 的大小，取

$$P_o \leqslant \frac{\left(\frac{1}{2}V_{CC}/\sqrt{2}\right)^2}{R_L}$$

因此有

$$V_{CC} \geqslant \sqrt{8R_L P_o}$$

另外，要根据图 3-9 所示来综合考虑失真度、效率等指标与电源 V_{CC} 的关系，其中效率＝输出功率/（输出功率＋器件损耗）。如果不失真输出功率为 4W，转换效率为 57%，则可以求出器件损耗为 3W，因此通过图 3-9 所示的特性得出电源 $V_{CC} \approx 22V$。

（2）输出信号电压的峰值 V_p。

因为输出功率

$$P_o = \frac{V_p^2}{2R_L}$$

所以，输出信号电压的峰值为 $V_p = \sqrt{2R_L P_o}$，输出电流的峰值为 $I_p = V_p/R_L$。

（3）输入输出耦合电容 C_1、C_2。

考虑放大器低频响应的效果，取

$$C_1 = \frac{1}{2\pi f_L R_i}(3 \sim 5)$$

$$C_2 = \frac{1}{2\pi f_L R_L}(2 \sim 3)$$

（4）电源滤波电容 C_3、C_4。

通常取 $C_3 = 0.1\mu F$，$C_4 = 5\mu F$，且耐压应大于 V_{CC}。

实验仪器、设备与器件

（1）万用表。

（2）晶体管毫伏表。

（3）综合电子实验箱。

（4）函数发生器。

（5）TDS1002 型数字示波器。

（6）集成功率放大器件：LM384；电位计：1kΩ、10kΩ、100kΩ、500kΩ 若干；电阻：2.7Ω、8Ω、51Ω、100Ω、200Ω、1kΩ、2kΩ、3kΩ、4.3kΩ、8.2kΩ、10kΩ、20kΩ、30kΩ、100kΩ、200kΩ、1MΩ、2MΩ、10MΩ 若干；电容：0.1μF、1μF、5μF、10μF、30μF、100μF 若干。

实验内容与步骤

（1）按基本设计任务与要求设计出具体的电路图。

（2）在实验箱上安装好电路，检查实验电路接线无误之后接通电源。

（3）测量功率放大器的性能指标。

首先用示波器观察输出电压波形，逐渐增大输入信号 u_i，观察输出电压波形有无自激振荡，若无自激则可进行下述测量。若出现高频自激，可适当加补偿电阻和电容以消除自激。

① 测量最大不失真输出功率 P_{omax} 和输入灵敏度 U_i。函数发生器输出 1kHz 的正弦信号接入输入端，用示波器观察输出波形，逐渐加大输入信号幅度，使输出电压为最大不失真输出，用交流毫伏表测量此时的输入电压 U_i（输入灵敏度）和输出电压 U_{om}。最大输出功率为

$$P_{omax} = \frac{U_{om}^2}{R_L}$$

② 测量电压增益 $|\dot{A}_u|$。调整输入信号 U_i，使得输出功率为 1W，测量 U_i 和 U_o，计算 $|\dot{A}_u|$ 值。

③ 测量效率。调整输入信号 U_i，使得输出功率为 2W，用万用表测量 V_{CC} 和电源电流的值，计算出效率。

④ 频率响应的测试。保持输入信号 U_i 恒定，在 40Hz～4kHz 选择 10 个测量点。

⑤ 噪声电压的测量。测量时将输入端短路（$U_i = 0$），观察输出噪声波形，并用万用表测量输出电压，即为噪声电压 U_N。

⑥ 试听。输入信号改为收音机输出，输出端接扬声器或音箱以及示波器。开机试听，并观察语言和音乐信号的输出波形。

（4）按扩展设计任务与要求设计出具体的电路图，在实验箱上安装完成，测量出最大效率。

实验报告要求

(1) 写出设计原理、设计步骤和计算公式，画出电路图，并标注元件参数值。

(2) 整理实验数据，计算实验结果。

(3) 画频率响应曲线。

预习要求

(1) 复习有关功率放大器工作原理的内容。

(2) 复习功率放大器输出功率、直流电源提供的功率、效率的计算公式。

(3) 按设计任务与要求设计出电路图。

思考题

(1) 交越失真产生的原因是什么？怎样克服交越失真？

(2) 如电路有自激现象，应如何消除？

实验 5　差动式放大器

实验目的

(1) 掌握差动式放大电路原理与主要技术指标的测试方法。

(2) 掌握差动式放大电路的设计方法，明确提高性能的措施。

设计任务与要求

1) 基本设计任务与要求

设计一个单端输出的差动式放大电路，差模电压放大倍数 $|A_{ud}|=100$，共模抑制比 K_{CMR}（dB）$=50$dB，晶体管采用 9014A（BC547），具体参数见实验 2。先用 Multisim 7 进行软件仿真，然后在实验箱上完成。

实验的具体要求见实验内容与步骤，参考器件见实验仪器、设备与器件。

2) 扩展设计任务与要求

提高共模抑制比，使共模抑制比 K_{CMR}（dB）$=70$dB。要求用 Multisim 7 进行仿真或者在实验箱上完成，并测量出设计指标。

（提示：可采用具有恒流源的差动放大器。）

实验原理

差动式放大电路是模拟电路基本单元电路之一，是直接耦合放大电路的最佳电路形式，具有放大差模信号、抑制共模干扰信号和零点漂移的功能。图 3-11 是具有射极公共电阻的差动放大器的结构。它由两个元件参数相同的共射放大电路组成。

调零电位计 R_W 用于调节 T_1、T_2 管的静态工作点，使得输入信号 $\Delta U_i=0$ 时，双端输出电压为 0。R_e 为两管共用的发射极电阻，它对差模信号无负反馈作用，因而不影响差模电压放大倍数，但对共模信号有较强的负反馈作用，故可以有效地抑制零漂，稳定静态工作点。若采用具有电流源的差动放大器，则可以进一步提高差动放大器抑制共模信号的能力。

1) 静态工作点的估算

$$I_{C1}=I_{C2}=\frac{V_{EE}-U_{BE}}{2R_e}$$

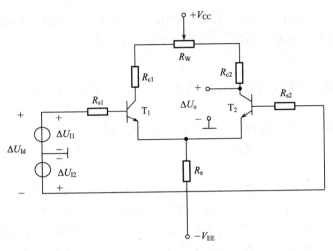

图 3-11　差动放大电路

$$U_{CE1} = U_{CE2} = V_{CC} - I_C \left(R_c + \frac{R_w}{2} \right) + U_{BE}$$

2）差模电压放大倍数和共模电压放大倍数

当差动放大器的射极电阻 R_e 足够大，或采用恒流源电路时，差模电压放大倍数 A_{ud} 由输出端方式决定，而与输入方式无关。此时为双端输出时的一半。

$$A_{ud} = \frac{1}{2} \frac{\beta \left(R_c + \dfrac{R_w}{2} \right)}{R_s + r_{be}}$$

输入共模信号，采用单端输出，则有共模电压放大倍数

$$A_{uc} = \frac{\beta \left(R_c + \dfrac{R_w}{2} \right)}{R_s + r_{be} + 2(1+\beta)R_e}$$

上式说明单端输出的差放电路，减小共模电压放大倍数主要靠增大电阻 R_e。

3）共模抑制比 K_{CMR}

共模抑制比体现的是差放电路共模干扰的抑制能力。其表达式为

$$K_{CMR} = \left| \frac{A_{ud}}{A_{uc}} \right|$$

4）电路参数的确定

差放电路参数的确定可参照实验 2，并综合考虑差模电压放大倍数和共模抑制比的设计指标而定。

实验仪器、设备与器件

（1）万用表。

（2）晶体管毫伏表。

（3）综合电子实验箱。

（4）函数发生器。

（5）TDS1002 型数字示波器。

（6）三极管：9014A（BC547）若干；电位计：1kΩ、10kΩ、100kΩ、500kΩ 若干；电

阻：51Ω、100Ω、200Ω、1kΩ、2kΩ、3kΩ、4.3kΩ、8.2kΩ、10kΩ、20kΩ、30kΩ、100kΩ、200kΩ若干；电容：1μF、10μF、30μF、100μF若干。

实验内容与步骤

（1）按基本设计任务与要求设计出具体的电路图，并用 Multisim 7 进行软件仿真，分析仿真结果。

（2）在实验箱上安装好电路，检查实验电路接线无误之后接通电源。

（3）直流工作点的测量。测试并记录 U_{BEQ}、I_{CQ} 和 U_{CEQ} 的值；将实测的值与理论计算值进行对比分析。

（4）测量差模电压放大倍数。从正弦信号发生器上用屏蔽线接入差模信号使其频率为 $f=1kHz$，有效值 $U_i=10mV$，然后用示波器观察输入电压波形和输出电压波形。在波形不发生失真的条件下，测出输出信号电压有效值 U_o，计算出差模电压放大倍数。

（5）测量共模电压放大倍数。从正弦信号发生器上用屏蔽线接入共模信号使其频率为 $f=1kHz$，有效值 $U_i=100mV$。然后用示波器观察输入电压波形和输出电压波形，测出输出信号电压有效值 U_o，计算出共模电压放大倍数，并计算出共模抑制比。

（6）按扩展设计任务与要求设计出具体的电路图，可以用 Multisim 7 进行软件仿真，分析仿真结果。或者在实验箱上完成，测量静态工作点、差模电压放大倍数、共模电压放大倍数及计算出共模抑制比等指标并记录。

实验报告要求

（1）写出设计原理、设计步骤和计算公式，画出电路图，并标注元件参数值。

（2）整理实验数据，列表比较实验结果和理论值，分析误差原因。

（3）比较输入电压和输出电压之间的相位关系。

（4）根据实验结果，总结电阻 R_e 的作用。

预习要求

（1）复习差放电路的工作原理。

（2）复习差动放大电路静态工作点、差模放大倍数、共模放大倍数及共模抑制比的概念及估算方法。

（3）按设计任务与要求设计出电路图。

思考题

（1）怎样用交流毫伏表测双端输出电压？

（2）差放电路的集电极调零与发射极调零对差模电压放大倍数有何影响？

实验 6　集成运算放大器指标测试

实验目的

（1）掌握运算放大器（运放）主要指标的测试方法。

（2）通过对运算放大器 μA741 指标的测试，了解集成运算放大器组件的主要参数的定义和表示方法。

实验原理

集成运算放大器是一种线性集成电路，和其他半导体器件一样，它是用一些性能指标来衡量其质量的优劣。为了正确使用集成运算放大器，就必须了解它的主要参数指标。集成运算放大器组件的各项指标通常由专用仪器进行调试，这里介绍的是一种简易测试方法。

本实验采用双列直插式的 μA741（或 F007）集成运算放大器，其外引脚排列如图 3-12 所示。②脚和③脚为反相和同相输入端，⑥脚为输出端，⑦脚和④脚为正、负电源端，①脚和⑤脚为失调调零端，①脚和⑤脚之间可接入一只几十千欧的电位器并将中心抽头接到负电源端。⑧脚为空脚。

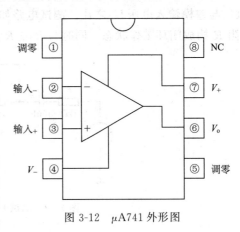

图 3-12 μA741 外形图

1）输入失调电压 U_{IO}

理想运放组件，当输入信号为零时，其输出也为零。但是即使是最优质的集成组件，由于运放内部差动输入级参数的不完全对称，输出电压往往不为零。这种零输入时输出不为零的现象称为集成运放的失调。

输入失调电压 U_{IO} 是指输入信号为零时，输出端出现的电压折算到同相输入端的数值。

失调电压测试电路如图 3-13 所示。闭合开关 K，测量此时的输出电压 U_{o1} 即为输出失调电压，则输入失调电压

$$U_{IO} = \frac{R}{R_1 + R_f} U_{o1}$$

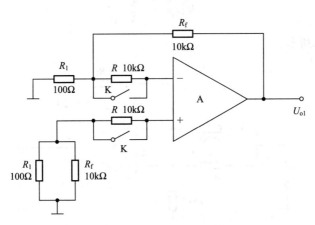

图 3-13 U_{IO}、I_{IO} 测试电路图

2）输入失调电流 I_{IO}

输入失调电流 I_{IO} 是指当输入信号为零时，运放的两个输入端的基极偏置电流之差。

$$I_{IO} = | I_{B1} - I_{B2} |$$

测试电路同图 3-13 所示，只要断开开关 K 即可，用万用表测出该电路的输出电压 U_{o2}，则

$$I_{IO} = \frac{U_{o2} - U_{o1}}{\left(1 + \frac{R_f}{R_1}\right)R} = \frac{U_{o2} - U_{o1}}{R} \frac{R_1}{R_1 + R_f}$$

3）开环电压放大倍数 A_{od}

开环电压放大倍数是指运算放大器没有反馈时的差模电压放大倍数，即运放输出电压 U_o 与差模输入电压 U_i 之比。测试电路如图 3-14 所示。R_f 为反馈电阻，通过隔直电容和电阻 R 构成闭环工作状态，同时与 R_1、R_2 构成负反馈，减少了输出端的电压漂移。

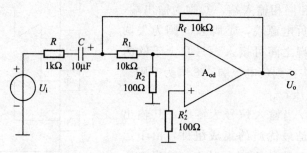

图 3-14　测试开环电压放大倍数 A_{od} 电路图

被测运放的开环电压放大倍数为

$$A_{od} = \frac{R_1 + R_2}{R_2}\left(\frac{U_o}{U_i}\right)$$

4）共模抑制比 K_{CMR}

运放的共模抑制比是指其差模电压增益 A_{ud} 与共模电压增益 A_{uc} 之比，即

$$K_{CMR} = \left|\frac{A_{ud}}{A_{uc}}\right|$$

测试电路如图 3-15 所示。

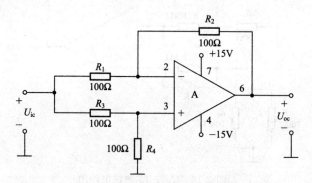

图 3-15　测试共模抑制比 K_{CMR} 电路图

差模增益

$$|A_{ud}| = \frac{R_2}{R_1}$$

共模增益

$$A_{uc} = \frac{U_{oc}}{U_{ic}}$$

所以，共模抑制比

$$K_{\mathrm{CMR}}(\mathrm{dB}) = 20\lg\left(\frac{R_2}{R_1} \cdot \frac{U_{\mathrm{ic}}}{U_{\mathrm{oc}}}\right)(\mathrm{dB})$$

实验仪器、设备与器件

（1）万用表。

（2）晶体管毫伏表。

（3）综合电子实验箱。

（4）函数发生器。

（5）TDS1002 型数字示波器。

（6）μA741 集成运算放大器；电位计：1kΩ、10kΩ、100kΩ、500kΩ 若干；电阻：51Ω、100Ω、200Ω、1kΩ、2kΩ、3kΩ、4.3kΩ、8.2kΩ、10kΩ、20kΩ、30kΩ、100kΩ、200kΩ 若干；电容：0.1μF、1μF、10μF、30μF、100μF 若干。

实验内容与步骤

参照实验原理的内容，自行拟定实验步骤，分别实测 μA741 的下列参数：输入失调电压 U_{IO}、输入失调电流 I_{IO}、开环电压放大倍数 A_{od} 和共模抑制比 K_{CMR}。

实验报告要求

（1）写出实验的基本原理，画出各主要参数的测试电路图。

（2）整理实验数据，计算实验结果。

预习及设计要求

（1）复习运算放大器主要参数的定义，了解通用运算放大器 μA741 的主要参数数值范围。

（2）确定运算放大器 μA741 的主要参数测试电路，拟定测试所需仪器、仪表及接法、量程等。

思考题

（1）测量失调电压时，观察电压表读数 U_{o} 是否始终是一个定值？为什么？

（2）若 $U_{\mathrm{o}} \neq 0$，如何利用失调调零端将它调至零？调零的原理是什么？一旦将 U_{o} 调至零后，它是否再也不会变化了？为什么？

（3）在测量开环电压放大倍数 A_{od} 和共模抑制比 K_{CMR} 时，输出端是否需要用示波器监视？

实验 7　负反馈放大器

实验目的

（1）熟悉负反馈放大电路性能指标的测试方法。

（2）通过实验加深理解负反馈对放大电路性能的影响。

设计任务与要求

1）基本设计任务与要求

设计一个用集成运算放大器组成的闭环放大电路，结构如图 3-16 所示。

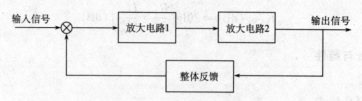

图 3-16　负反馈放大器框图

其中放大电路 1 和放大电路 2 各自是由集成运算放大器组成的局部负反馈放大器，就整体而言，它们可视为开环放大器（无整体反馈环时）。

要求开环电压放大倍数 $A_u = 500$，闭环电压放大倍数 $A_{uf} = 80$，先用 Multisim 7 进行软件仿真，然后在实验箱上完成。

实验的具体要求见实验内容与步骤，参考器件见实验仪器、设备与器件。

2）扩展设计任务与要求

按图 3-16 所示，设计一个负反馈放大器以放大麦克风的输出信号。已知麦克风的输出信号为 10mV，要求负反馈放大器的输出信号必须是 0.5V，以便可以驱动一个功率放大器，进而驱动扬声器。理论上麦克风的输出电阻 $R_s = 5k\Omega$，功率放大器的输入电阻 $R_L = 75\Omega$。设开环电压放大倍数 $A_u = 2000$，开环电路的 $R_i = 10k\Omega$，$R_o = 100\Omega$。要求在实验箱上完成，并测量出设计指标。

实验原理

负反馈放大器参考电路如图 3-17 所示。负反馈共有四种类型，即电压串联、电压并联、电流串联、电流并联。本实验仅对"电压串联"负反馈进行研究。参考电路由两级集成运算放大器组成。下面结合电路图介绍电压串联负反馈对放大器性能的影响。

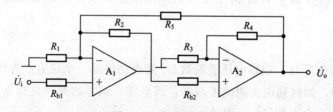

图 3-17　负反馈放大器

1）引入负反馈降低了电压放大倍数

该电路中集成运算放大器 A_1 组成电压串联负反馈电路，由集成运算放大器 A_2 组成电压串联负反馈电路，两者都是局部反馈。由 R_5、R_1 组成的电压串联负反馈为整体反馈，主要影响整体电路的性能。

闭环放大倍数

$$A_{uf} = \frac{A}{1 + AF}$$

其中，A 为电路接成开环放大器时（无整体反馈环）的电压放大倍数。$1 + AF$ 为反馈深度，它的大小决定了负反馈对放大器性能改善的程度。

反馈系数为

$$F = \frac{R_1}{R_1 + R_5}$$

图 3-18 所示电路为开环放大器。电路接成开环放大器时，必须考虑反馈网络的负载效应，即在输入回路中 R_1 与 R_5 并联接地，在输出端应并接 R_5 和 R_1 相串联的电阻。此时开环放大倍数 A 为

$$A = \left(1 + \frac{R_2}{R_5 // R_1}\right) \cdot \left(1 + \frac{R_4}{R_3}\right)$$

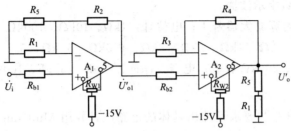

图 3-18　开环放大器

2）负反馈提高了放大器增益的稳定性

电源电压、负载电阻及晶体管参数的变换都会使放大器的增益发生变化，加入负反馈可使这种变化相对变小，即负反馈可以提高放大器增益的稳定性，可解释如下：

如果 $AF \gg 1$，则 $A_{uf} \approx 1/F$。

由此可知，强负反馈时放大器的放大量是由反馈网络确定的，而与原放大器的放大量无关。

为了说明放大器放大量随着外界变化的情况，通常用放大倍数的相对变化量来评价其稳定性。

因为

$$\frac{\mathrm{d}A_{uf}}{\mathrm{d}A} = \frac{1}{(1+AF)^2} = \frac{A}{1+AF} \cdot \frac{1}{A(1+AF)} = \frac{A_{uf}}{A(1+AF)}$$

因此有

$$\frac{\Delta A_{uf}}{A_{uf}} = \frac{\Delta A}{A} \cdot \frac{1}{1+AF}$$

这表明有负反馈使放大倍数的相对变化减小为无反馈时的 $1/(1+AF)$，因此，负反馈提高了放大器增益的稳定性。而且反馈深度越大，放大倍数稳定性越好。

3）负反馈展宽了放大器的通频带

阻容耦合放大器的幅频特性，在中频范围放大倍数较高，在高低频率两端放大较低，开环通频带为 B_w，引入负反馈后，放大倍数要降低，但是高、低频各种频段的放大倍数降低的程度不同。

中频段时，由于开环放大倍数较大，则反馈到输入端的反馈电压也较大，所以闭环放大倍数减小很多。对于高、低频段，由于开环放大倍数较小，则反馈到输入端的反馈电压也较小，所以闭环放大倍数减小得少。因此，负反馈的放大器整体幅频特性曲线都下降。但中频

段降低较多，高、低频段降低较少，相当于通频带加宽了。

设计过程中的元件参数的选择，可利用上述公式确定，这里不再重复。

实验仪器、设备与器件

（1）万用表。

（2）晶体管毫伏表。

（3）综合电子实验箱。

（4）函数发生器。

（5）TDS1002 型数字示波器。

（6）μA741 集成运算放大器若干；电位计：1kΩ、10kΩ、100kΩ、500kΩ 若干；电阻：51Ω、100Ω、200Ω、510Ω、1kΩ、2kΩ、3kΩ、4.3kΩ、5 kΩ、5.1 kΩ、8.2kΩ、10kΩ、20kΩ、30kΩ、100kΩ、200kΩ 若干；电容：1μF 、10μF 、30μF、100μF 若干。

实验内容与步骤

（1）按基本设计任务与要求设计出具体的电路图，并用 Multisim 7 进行软件仿真，分析仿真结果。

（2）在实验箱上安装好电路，将电路接成开环状态，检查实验电路接线有无错误。

（3）调零。将信号输入端接地，接通电源后分别调节调零电位计，使各自运放的输出为 0。

（4）开环放大电路指标的测量。

① 放大倍数的测量。输入正弦波信号频率为 1kHz，信号电压为 2mV，测量出输出电压 U'_o，则开环放大电路的放大倍数

$$A_u = \frac{U'_o}{U_i}$$

② 上限频率的测量。维持输入信号电压 U_i 的幅值不变（例如，令 $U_i = 2mV$），改变输入信号频率，测量放大电路的输出电压 U'_o，并用示波器监视输出波形。当信号频率升高到使放大倍数下降到中频放大倍数的 0.707 倍时所对应的频率，即为上限频率 f_H。

（5）负反馈放大电路（闭环放大器）的测量。

① 闭环放大倍数的测量。按设计的电路图将负反馈放大电路连接成闭环状态。输入信号频率为 1kHz，信号电压为 10mV，测量闭环放大电路电压放大倍数 A_{uf}，并与开环时 A_u 进行比较。

② 观察负反馈对放大器幅频特性的影响。应用测开环放大电路上限频率的方法，测出闭环时的上限频率 f_{Hf}，将两者进行比较。

（6）按扩展设计任务与要求设计出具体的电路图，在实验箱上完成，测量相应指标并记录。

实验报告要求

（1）写出设计原理、设计步骤和计算公式，画出电路图，并标注元件参数值。

（2）整理测量数据及计算结果，将实验结果进行比较，总结出负反馈对放大器性能的影响。

（3）分析实验现象及可能采取的措施。

预习要求

（1）复习负反馈放大电路的原理。

（2）复习负反馈对放大电路性能的影响。

（3）按设计任务与要求设计出电路图。

思考题

分析本实验开环放大电路与闭环放大电路的输入电阻，输出电阻的大小变化，为什么？

实验 8　基本运算电路

实验目的

（1）掌握反相比例运算、同相比例运算、加法、减法等运算电路的原理、设计方法及测试方法。

（2）能正确分析运算精度与运算电路中各元件参数之间的关系，能正确理解"虚地"、"虚短"概念。

设计任务与要求

1）基本设计任务与要求

（1）设计反相比例运算电路，要求 $|A_{uf}|=10$，$R_i\geqslant10\mathrm{k}\Omega$，确定各元件值并标注在实验电路上。

（2）设计同相比例电路，要求 $A_{uf}=11$。

（3）设计加法电路，满足关系式 $U_o=5U_{I1}+2U_{I2}$，其中 U_{I1}、U_{I2} 为可调的直流电压。

（4）利用减法电路设计差动放大电路，要求差模增益为 30，差模输入电阻最小为 $R_i=50\mathrm{k}\Omega$。

先用 Multisim 7 进行软件仿真，然后在实验箱上完成。

实验的具体要求见实验内容与步骤，参考器件见实验仪器、设备与器件。

2）扩展设计任务与要求

设计差动放大电路，差模增益可在 $2\sim1000$ 调节，差模输入电阻大于 $50\mathrm{k}\Omega$。要求用 Multisim 7 进行仿真或者在实验箱上完成，并测量出设计指标。

（提示：可参照图 3-19 所示的电路）

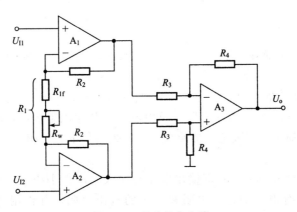

图 3-19　差动放大电路

实验原理

运算放大器是具有两个输入端、一个输出端的高增益、高输入阻抗的电压放大器。在输出端和输入端之间加上反馈网络，则可实现各种不同的电路功能，如反馈网络为线性时，运算放大器的功能有：放大、加、减、微分和积分等；如反馈网络为非线性电路时有对数、乘和除等功能；还可组成各种波形形成电路，如正弦波、三角波、脉冲波等波形发生器。

在应用集成运算放大器时，必须注意以下问题：集成运算放大器是由多级放大器组成，将其闭环构成深度负反馈时，可能会在某些频率上产生附加相移，造成电路工作不稳定，甚至产生自激振荡，使运放无法正常工作，所以必须在相应运放规定的引脚端接上相位补偿网络；在需要放大含直流分量信号的应用场合，为了补偿运放本身失调的影响，保证在集成运放闭环工作后，输入为零时输出为零，必须考虑调零问题；为了消除输入偏置电流的影响，通常让集成运放两个输入端对地直流电阻相等，以确保其处于平衡对称的工作状态。

一般运算放大器具有外接调零端，如 F007 或 μA741，其调零电路如图 3-20 所示，在调零端施加一个补偿电压，以抵消运算放大器本身的失调电压，达到调零的目的。

1) 反相比例运算电路

电路如图 3-21 所示。信号 U_i 由反相端输入，输出 U_o 与 U_i 相位相反。输出电压由 R_f 反馈到反相输入端，构成电压并联负反馈电路。在设计电路时，应注意，R_f 也是集成运放的一个负载，为保证电路正常工作，应满足 $U_o < U_{om}$。另外，应选择 $R_b = R_1 // R_f$，其中 R_1 为闭环输入电阻，R_b 为输入平衡电阻，由"虚短"、"虚断"原理可知，该电路的闭环电压放大倍数为 $A_{uf} = -R_f/R_1$，输入电阻为 $R_{if} = R_1$。

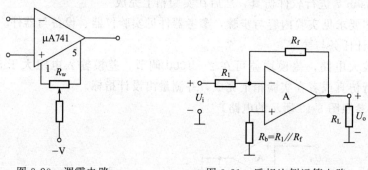

图 3-20　调零电路　　　　　图 3-21　反相比例运算电路

2) 同相比例运算电路

电路如图 3-22 所示。它属电压串联负反馈电路，其输入阻抗高，输出阻抗低，具有放大及阻抗变换作用，通常用于隔离或缓冲级。在理想条件下，其闭环电压放大倍数为 $A_{uf} = 1 + R_f/R_1$。

当 $R_f = 0$ 或 $R_1 = \infty$，$A_f = 1$，即输出电压与输入电压大小相等相位相同，这种电路称为电压跟随器。它具有很大的输入电阻和很小的输出电阻，其作用与晶体管射极输出器相似。

同相比例电路必须考虑的一个特殊问题是共模信号问题。对于实际运放来说，加于两个输入端上的共模电压接近于信号电压 U_i，差模放大倍数 A_{od} 不是无穷大，共模放大倍数 A_{oc}

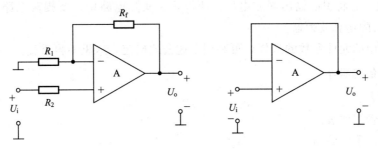

图 3-22　同相比例运算电路和同相跟随器

也不是零，共模抑制比 K_{CMR} 为有限值，那么共模
输入信号将产生一个输出电压，这必然引起运算
误差。另外，同相输入必然在集成运放输入端引
入共模电压，而集成运放的共模输入电压范围
U_{iCmax} 是有限的，所以同相输入时运算放大器输入
电压的幅度受到限制，U_i 必须小于 U_{iCmax}。

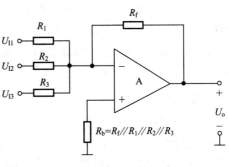

图 3-23　加法运算电路

3）加法运算电路

电路如图 3-23 所示。当运算放大器开环增益
足够大时，运算放大器的输入端为虚地，三个输
入电压可以彼此独立地通过自身的输入回路电阻
转换为电流，能精确地实现代数相加运算。

总的输出电压为

$$U_o = -\left(\frac{R_f}{R_1}U_{I1} + \frac{R_f}{R_2}U_{I2} + \frac{R_f}{R_3}U_{I3}\right)$$

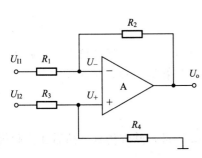

图 3-24　减法运算电路

4）减法运算电路

电路如图 3-24 所示，当 $R_1 = R_3$，$R_2 = R_4$ 时，该
电路实际上是一个差动放大器。

可根据叠加原理得到

$$U_o = -\frac{R_2}{R_1}(U_{I1} - U_{I2})$$

上式是在满足 $R_1 = R_3$，$R_2 = R_4$ 的条件下得到的，
所以实验中必须严格地选配电阻 R_1、R_3，R_2、R_4。而
$U_o/(U_{I2} - U_{I1})$ 表示的是这个电路的差模电压放大倍

数，即

$$A_{ud} = \frac{U_o}{U_{I2} - U_{I1}} = \frac{R_2}{R_1}$$

当输入共模信号时，有 $U_{I2} = U_{I1}$，所以这个电路的共模电压放大倍数为 0。利用虚短的
概念，可以得到这个差动放大器的输入电阻

$$R_i = 2R_1$$

另外，集成运算放大器两个输入端上存在共模电压，对于实际运放而言，共模抑制比

K_{CMR} 为有限值，必将引起输出误差电压。所以，在实际电路中，要提高电路运算精度，必须选用高 K_{CMR} 的运算放大器。

设计过程中的元件参数的选择，可利用上述公式确定，这里不再重复。

实验仪器、设备与器件

（1）万用表。

（2）晶体管毫伏表。

（3）综合电子实验箱。

（4）函数发生器。

（5）TDS1002 型数字示波器。

（6）μA741 集成运算放大器若干；电位计：1kΩ、10kΩ、100kΩ、500kΩ 若干；电阻：51Ω、100Ω、200Ω、510Ω、1kΩ、2kΩ、3kΩ、4.3kΩ、5kΩ、5.1kΩ、8.2kΩ、10kΩ、20kΩ、30kΩ、100kΩ、200kΩ 若干；电容：1μF、10μF、30μF、100μF 若干；二极管：IN4148；稳压管：2CW12。

实验内容与步骤

1）反相比例运算电路

（1）按照设计要求设计出反相比例运算电路，先用 Multisim 7 进行软件仿真，然后在实验箱上接好连线，弄清运算放大器的电源端、调零端、输入端和输出端，并调零。

（2）在输入接地的情况下，进行调零，并用示波器观察输出端是否存在自激振荡。如有，应进行补偿。

（3）输入直流信号 U_I 分别为 1.6V、1.3V、0.5V、0.2V、−0.2V、−0.5V、−1.3V、−1.6V，用万用表测量对应于不同 U_I 时的 U_o，列表计算 A_{uf}，并与理论值比较。

（4）输入 1kHz 的正弦信号，U_I 的有效值分别为 −0.5V、+0.5V 时，测量输出电压值。

2）同相输入比例运算电路

（1）按照设计要求设计出同相比例运算电路，先用 Multisim 7 进行软件仿真，然后在实验箱上接好连线，弄清运算放大器的电源端、调零端、输入端和输出端，并调零。

（2）实验内容同反相比例运算电路。

3）加法运算电路

（1）按照设计要求设计出加法运算电路，先用 Multisim 7 进行软件仿真，然后在实验仪上接好连线。

（2）按表 3-3 所示的输入数据，测量出输出电压值，并与理论值比较。

表 3-3 数据表

输入信号 U_{I1}/V	−0.5	−0.3	0	0.3	0.5	0.7	1.0	1.2
输入信号 U_{I2}/V	−0.2	0	0.3	0.2	0.3	0.4	0.5	0.6
实验测量 U_o/V								
理论计算 U_o/V								

4) 减法运算电路

（1）按照设计任务设计出差动放大电路，先用 Multisim 7 进行软件仿真，然后再在实验箱上接好连线。

（2）按表 3-4 所示的输入数据，测量出输出电压值，并与理论值比较。

表 3-4　数据表

输入信号 U_{I1}/V	-0.6	-0.5	0	0.1	0.5	0.6
输入信号 U_{I2}/V	-0.7	0.5	0.1	0	0.5	0.7
实验测量 U_o/V						
理论计算 U_o/V						

5) 按扩展设计任务与要求设计出具体的电路图，并标注元件参数值

可以用 Multisim 7 进行软件仿真，分析仿真结果。或者在实验箱上完成，测量相应指标并记录。

实验报告要求

（1）写出设计原理、设计步骤和计算公式，画出电路图，并标注元件参数值。

（2）整理实验数据并与理论值进行比较、讨论。

预习要求

（1）复习集成运算放大器有关模拟运算应用方面的内容，弄清各电路的工作原理。

（2）按设计任务与要求设计出电路图。

思考题

（1）理想运算放大器具有哪些特点？

（2）运放用作模拟运算电路时，"虚短"、"虚断"能永远满足吗？试问：在什么条件下"虚短"、"虚断"将不再存在？

实验 9　有源滤波器

实验目的

（1）熟悉用运算放大器构成有源低通、高通滤波器。

（2）掌握有源滤波器的设计方法及幅频特性的测试。

设计任务与要求

1) 基本设计任务与要求

（1）设计一个低通滤波器，上限截止频率 10kHz，通带放大倍数为 2，衰减速度大于 20dB/十倍频。

（2）设计一个二阶高通滤波器，下限截止频率 500Hz，通带放大倍数为 2。

先用 Multisim 7 进行软件仿真，然后在实验箱上完成。

实验的具体要求见实验内容与步骤，参考器件见实验仪器、设备与器件。

2）扩展设计任务与要求

现有频率为 80Hz~5kHz 的音频信号和频率为 500kHz 的载波信号，设计一个低通滤波器，使音频信号在通带内的增益是 1，而载波信号至少被削减 −100dB。要求用 Multisim 7 进行仿真或者在实验箱上完成，并测量出设计指标。

实验原理

在实际的电子系统中，输入信号往往包含一些不需要的信号成分，必须设法将它衰减到足够小的程度，或者把有用信号挑选出来。为此，可采用滤波器。

滤波器是一种选频电路，它是一种能使有用频率信号通过，而同时抑制（或大为衰减）无用频率信号的电子装置。这里研究的是由运放和 R、C 等组成的有源模拟滤波器。由于集成运放的带宽有限，目前有源滤波器的最高工作频率只能达到 1MHz 左右。

本实验仅对二阶有源低通、高通滤波器进行研究。

1）二阶有源低通滤波器

二阶有源低通滤波器电路如图 3-25 所示，其对应的幅频特性如图 3-26 所示。

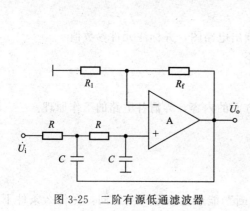

图 3-25 二阶有源低通滤波器   图 3-26 幅频特性

可以证明二阶有源低通滤波器的幅频响应表达式为

$$\left| \frac{A_f(j\omega)}{A_f} \right| = \frac{1}{\sqrt{\left[\left(1 - \frac{\omega}{\omega_0}\right)^2\right]^2 + \left(\frac{\omega}{\omega_0 Q}\right)^2}}$$

式中

$$A_f = 1 + \frac{R_f}{R_1}$$

$$\omega_0 = \frac{1}{RC}$$

$$Q = \frac{1}{3 - A_f}$$

上式中 ω_0 为通带截止角频率，因此上限截止频率

$$f_H = \frac{1}{2\pi RC}$$

2）二阶有源高通滤波器

二阶有源高通滤波器电路如图 3-27 所示，其对应的幅频特性如图 3-28 所示。

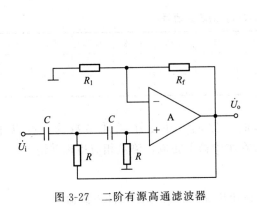

图 3-27　二阶有源高通滤波器

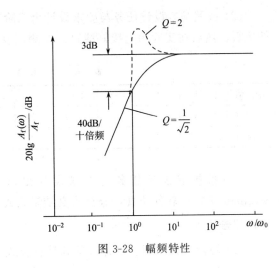

图 3-28　幅频特性

二阶有源高通滤波器的幅频响应表达式为

$$\left|\frac{A_f(j\omega)}{A_f}\right| = \frac{1}{\sqrt{\left[\left(1-\dfrac{\omega_0}{\omega}\right)^2\right]^2 + \left(\dfrac{\omega_0}{\omega Q}\right)^2}}$$

其下限截止频率为

$$f_L = \frac{1}{2\pi RC}$$

设计过程中的元件参数的选择，可利用上述公式确定，这里不再重复。

实验仪器、设备与器件

（1）万用表。

（2）晶体管毫伏表。

（3）综合电子实验箱。

（4）函数发生器。

（5）TDS1002 型数字示波器。

（6）集成运算放大器：LF356 若干；电位计：1kΩ、10kΩ、100kΩ、500kΩ 若干；电阻：51Ω、100Ω、200Ω、510Ω、1kΩ、2kΩ、3kΩ、4.3kΩ、5 kΩ、5.1kΩ、8.2kΩ、10kΩ、20kΩ、30kΩ、100kΩ、200kΩ 若干；电容：0.001μF、0.01μF、0.033μF、0.1μF、1μF、10μF 若干。

实验内容与步骤

（1）按照基本设计任务与要求设计出有源低通滤波器电路，先用 Multisim 7 进行软件仿真，然后在实验箱上接好线路。按测试表的要求将实测值分别填入表 3-5 中。

表 3-5　$U_i = 0.1\text{V}$（有效值）的正弦信号

输入信号频率/Hz	40	100	500	1k	2k	4k	8k	10k	12k	15k	20k
输出电压 U_o/V											
$20\lg|U_o/U_i|$ /dB											

（2）按照基本设计任务与要求设计出二阶有源高通滤波器电路，先用 Multisim 7 进行软件仿真，然后在实验箱上接好线路。按测试表的要求将实测值分别填入表 3-6 中。

表 3-6　$U_i = 0.1V$（有效值）的正弦信号

输入信号频率/Hz	50	100	150	400	500	1k	1.2k	1.5k	1.8k	5k	10k
输出电压 U_o/V											
$20\lg\lvert U_o/U_i \rvert$/dB											

（3）按扩展设计任务与要求设计出具体的电路图，并标注元件参数值。可以用 Multisim 7 进行软件仿真，分析仿真结果。或者在实验箱上完成，测量相应指标并记录。

实验报告要求

（1）写出设计原理、设计步骤和计算公式，画出电路图，并标注元件参数值。

（2）整理实验数据，画出幅频特性图。

（3）分析实验现象及可能采取的措施。

预习要求

（1）复习有源滤波器原理。

（2）按设计任务与要求设计出电路图。

思考题

（1）高通滤波器的幅频特性，为什么在频率很高时，其电压增益会随频率升高而下降？

（2）有一个 500Hz 的正弦波信号，经放大后发现有一定的噪声和 50Hz 的干扰，用怎样的滤波电路可改善信噪比？

实验 10　电压比较器

实验目的

（1）掌握比较器的电路构成、工作原理及参数计算方法。

（2）掌握比较器的设计及测试比较器的方法。

设计任务与要求

1）基本设计任务与要求

设计一个具有滞回特性的过零检测电路。要求输入端有限幅功能，过零比较器的回差为 100mV。先用 Multisim 7 进行软件仿真，然后在实验箱上完成。

实验的具体要求见实验内容与步骤，参考器件见实验仪器、设备与器件。

2）扩展设计任务与要求

设计一个街灯控制电路，白天街灯不亮，夜间街灯亮。要求在实验箱上完成。

（提示：参考原理框图如图 3-29 所示。光检测电路中的光电转换器件可以用光电耦合器。）

实验原理

信号幅度比较就是将一个模拟量的电压信号与一个参考电压相比较，在二者幅度相等的

图 3-29　街灯控制电路框图

附近，输出电压将产生跃变。通常用于越限报警、模数转换和波形变换等场合。此时，幅度鉴别的精确性、稳定性以及输出反应的快速是主要的技术指标。

图 3-30 所示为最简单的电压比较器，U_R 为参考电压，加在运放的同相输入端，输入电压 u_1 加在反相输入端。当 $u_1 > U_R$ 时，u_O 为负向输出最大电压（$-U_{om}$）；当 $u_1 < U_R$ 时，u_O 为正向输出最大电压（$+U_{om}$）。电压传输特性如图 3-31 所示。这样，根据输出电压是高或是低，就可以判断输入信号 u_1 是低于或高于基准电压 U_R。如果 $U_R = 0$，则为过零比较器，如图 3-32 所示。

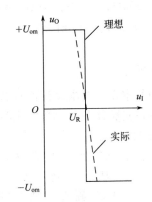

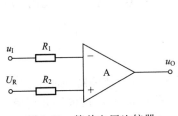

图 3-30　简单电压比较器　　　　图 3-31　电压传输特性

过零比较器在实际工作时，如果 u_1 恰好在过零值附近，则由于零点漂移的存在，u_O 将不断由一个极限值转换到另一个极限值，这在控制系统中，对执行机构将是很不利的。为此，就需要输出特性具有滞回现象。如图 3-33（a）所示。从输出端引一个电阻分压支路到同相输入端，若

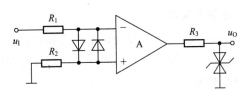

图 3-32　过零电压比较器

u_O 改变状态，B 点电位也随着改变，使过零点离开原来位置。

当 $u_O = +U_z$，$U_B = U_{B1} = +U_z R_2/(R_2+R_3)$，则当 $u_1 > U_{B1}$ 后，U_B 即由正变负，此时为 $U_{B2} = -U_z R_2/(R_2+R_3)$。故只有当 u_1 下降到 U_{B2} 以下，才能使 u_O 再度回升到 $+U_z$。如图 3-33（b）所示。$U_{B1} - U_{B2}$ 称为回差，改变 R_2 的数值可以改变回差的大小。

设计过程中的元件参数的选择，可利用上述公式确定。

实验仪器、设备与器件

（1）万用表。

（2）晶体管毫伏表。

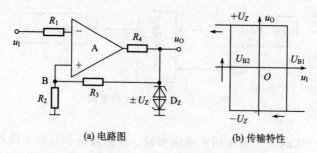

(a) 电路图   (b) 传输特性

图 3-33 具有滞回特性的过零比较器

（3）综合电子实验箱。

（4）函数发生器。

（5）TDS1002 型数字示波器。

（6）集成运算放大器：LM324；电位计：1kΩ、10kΩ、100kΩ、500kΩ 若干；电阻：51Ω、100Ω、200Ω、510Ω、1kΩ、2kΩ、3kΩ、4.3kΩ、5kΩ、5.1kΩ、8.2kΩ、10kΩ、20kΩ、30kΩ、100kΩ、200kΩ 若干；二极管：IN4001 若干；稳压管：2DW7 若干及光电耦合器等。

实验内容与步骤

（1）按照基本设计要求设计出具有滞回特性的过零检测电路，先用 Multisim 7 进行软件仿真，然后在实验任务与上接好线路。

① 接通±12V 电源。

② 测量 u_1 从 $-5V$ 到 $+5V$ 时的 u_o 值。

③ 改变 u_1 值，从 $+5V$ 到 $-5V$，测量 u_o 电压并画出传输特性曲线。

④ u_1 输入 500Hz、幅值为 2V 的正弦信号，观察 $u_1 \sim u_o$ 的波形并记录。

（2）按扩展设计任务与要求设计出具体的电路图，并标注元件参数值。在实验箱上完成实验。

实验报告要求

（1）写出设计原理，整理实验数据，绘制传输特性曲线。

（2）比较理论与实际误差，并分析原因。

预习要求

（1）复习比较器工作原理及电路中各元件的作用。

（2）按设计任务与要求设计出电路图。

思考题

（1）推导出具有滞回特性的同相输入比较器相关公式。

（2）为可靠工作，比较器输入端要有限幅功能，为什么？

实验 11 正弦波振荡电路

实验目的

（1）进一步学习 RC 桥式振荡器的工作原理。

（2）学习如何设计、调试上述电路和测量电路输出波形的频率、幅度。

设计任务与要求

1）基本设计任务与要求

设计一个如图 3-34 所示的 RC 桥式振荡电路，振荡频率为 1kHz；振荡频率测量值与理论值的相对误差＜±5%，振荡波形对称，无明显非线性失真。先用 Multisim 7 进行软件仿真，然后再在实验箱上完成。

实验的具体要求见实验内容与步骤，参考器件见实验仪器、设备与器件。

2）扩展设计任务与要求

信号频率可调：100Hz～5kHz；信号幅度可调：1～3V，振荡波形对称，无明显非线性失真。要求在实验箱上完成，并测量出设计指标。

实验原理

1）RC 桥式振荡电路的工作原理

RC 桥式振荡电路由 RC 串并联选频网络和同相放大电路组成，如图 3-34 所示。图中 RC 选频网络形成正反馈电路，并由它决定振荡频率 f_o，R_1、R_2 和 R_w 等形成负反馈回路，由它们决定起振的幅值条件和调节波形的失真程度与稳幅控制。

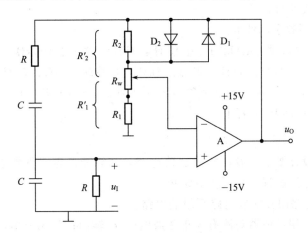

图 3-34　RC 桥式振荡电路

2）参数确定与元件选择

设计如图 3-34 所示振荡电路，需要确定和选择的元件如下：

（1）确定 R、C。

根据设计所要求的振荡频率 f_o，确定出 RC 为

$$RC = \frac{1}{2\pi f_0}$$

为了使选频网络的选频特性尽量不受集成运算放大器的输入电阻 R_i 和输出电阻 R_o 的影响，应使 R 满足下列关系式：

$$R_i \gg R \gg R_o$$

一般集成运算放大器的输入电阻 R_i 为几百千欧以上，而输出电阻 R_o 仅为几百欧以下，考虑到电容 C 的标称档次较少，可先初选电容 C，再算电阻 R，但 R 要能满足振荡频率的

要求。

(2) 确定 R_1、R_2 和 R_w。

电阻 R_1、R_2 和 R_w 应由起振的振幅条件来确定。由式 $A_f = 1 + R'_2/R'_1 > 3$ 可得，$R'_2 > 2R'_1$，通常取 $R'_2 = (2.1 \sim 2.5) R'_1$，这样既能保证起振，也不致产生严重的波形失真。

此外，为了减小输入失调电流和漂移的影响，电路还应满足直流平衡条件，即

$$R = R'_2 // R'_1$$

(3) 确定稳幅电路及元件值。

电路中稳幅环节由两只正反向并联的二极管 D_1、D_2 和电阻 R_2 并联组成，利用二极管正向动态电阻的非线性以实现稳幅，为了减小因二极管特性的非线性而引起的波形失真，在二极管两端并联小电阻 R_2，这是一种最简单易行的稳幅电路。

在选取稳幅元件时，稳幅二极管 D_1、D_2 应选用特性一致的硅管。R_2 的取值不能过大（过大对削弱波形失真不利），也不能过小（过小稳幅效果差），通常 R_2 取 $3 \sim 7k\Omega$ 即可。

实验仪器、设备与器件

(1) 万用表。

(2) 晶体管毫伏表。

(3) 综合电子实验箱。

(4) TDS1002 型数字示波器。

(5) 集成运算放大器：LM324；电位计：$1k\Omega$、$10k\Omega$、$100k\Omega$、$500k\Omega$ 若干；电阻：51Ω、100Ω、200Ω、510Ω、$1k\Omega$、$2k\Omega$、$3k\Omega$、$4.3k\Omega$、$5k\Omega$、$5.1k\Omega$、$8.2k\Omega$、$10k\Omega$、$20k\Omega$、$50k\Omega$、$100k\Omega$、$200k\Omega$ 若干；电容：$0.001\mu F$、$0.01\mu F$、$0.033\mu F$、$0.1\mu F$、$1\mu F$、$10\mu F$ 若干；二极管：IN4001 若干。

实验内容与步骤

(1) 根据基本设计要求，设计桥式振荡电路，计算和确定元件参数，用 Multisim 7 进行软件仿真，观察起振过程，分析仿真结果。

(2) 按相应的电路图在实验电路板组装电路。

(3) 接通电源，用示波器观测有无正弦波电压 u_o 输出；若无输出，可调节 R_w 使 u_o 为无明显失真的正弦波。测量 u_o 的频率并与计算结果比较。

(4) 用晶体管毫伏表测量 u_o 和 u_i 的有效值，并观察是否稳定。

(5) 改变 R、C，使输出电压的频率为 $1kHz \pm 5\%$。记录 R、C 的数值及实测的频率。

(6) 调节 R_w，测量 u_o 无明显失真时 R_w 的变化范围。

(7) 断开并联的二极管 D_1、D_2，接通电源，调节 R_w 使 u_o 为无明显失真的正弦波。测量 u_o 的频率，并与计算结果比较。用晶体管毫伏表测量 u_o 并观察是否稳定。

(8) 调节 R_w，测量 u_o 无明显失真时 R_w 的变化范围。

(9) 按扩展设计任务与要求设计出具体的电路图，并标注元件参数值。在实验箱上完成实验，测量相应指标并记录。

实验报告要求

(1) 写出设计原理及步骤，绘出实验线路。

(2) 列出所测实验数据。

(3) 根据所测得的振荡频率、u_o/u_i、u_o 的幅值稳定等方面讨论理论与实验结果是否一

致，并分析误差原因。

预习要求

（1）复习 RC 正弦波振荡电路的工作原理。

（2）按设计任务与要求设计出电路图。

思考题

用晶体管毫伏表测量 u_o 和 u_i 时，对输出电压 u_o 的幅值有无影响？为什么？

实验 12　方波-三角波发生器

实验目的

（1）学习用集成运算放大器组成的方波-三角波发生器原理。

（2）学习如何设计、调试上述电路。

设计任务与要求

1）基本设计任务与要求

设计一个如图 3-35 所示的方波-三角波产生电路，方波、三角波的频率为 500Hz，相对误差小于± 5%。先用 Multisim 7 进行软件仿真，然后在实验箱上完成。

实验的具体要求见实验内容与步骤，参考器件见实验仪器、设备与器件。

2）扩展设计任务与要求

信号频率可调：100Hz～2kHz；波形无明显非线性失真。在信号频率不变的条件下，三角波的输出幅度可调：1～4V。要求在实验箱上完成，并测量出设计指标。

实验原理

图 3-35 所示是由集成运算放大器组成的一种常见的方波-三角波产生电路。图中运算放大器 A_1 与电阻 R_2、R_3 等构成迟滞特性的比较器以产生方波。运算放大器 A_2 与 R、C 等构成积分电路以产生三角波，二者形成闭合回路。

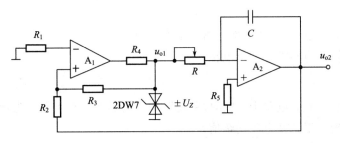

图 3-35　方波-三角波发生器

该电路的计算公式如下：

方波-三角波的周期

$$T = \frac{4R_2 RC}{R_3}$$

方波的幅度

$$U_{o1m} = \mid \pm U_z \mid$$

三角波的幅度

$$U_{o2m} = \left| \pm \frac{R_2}{R_3} U_z \right|$$

实验仪器、设备与器件

（1）万用表。

（2）综合电子实验箱。

（3）TDS1002 型数字示波器。

（4）集成运放：μA741；稳压管：2DW7；电位计：1kΩ、10kΩ、100kΩ、500kΩ 若干；电阻：51Ω、100Ω、200Ω、510Ω、1kΩ、2kΩ、3kΩ、4.3kΩ、5kΩ、5.1kΩ、8.2kΩ、10kΩ、20kΩ、50kΩ、100kΩ、200kΩ 若干；电容：0.001μF、0.01μF、0.033μF、0.1μF、1μF、10μF 若干；二极管：IN4001 若干。

实验内容与步骤

（1）按基本设计要求设计电路及参数。用 Multisim 7 进行软件仿真，分析仿真结果。

（2）按相应的电路图在实验电路板组装电路。

（3）接通电源后用示波器观察 u_{o1}、u_{o2} 的波形，测量并记录波形的幅度和频率，并分析误差。

（4）调节电位计 R 或改变电容 C 以满足设计的频率要求。

（5）按扩展设计任务与要求设计出具体的电路图，并标注元件参数值。在实验箱上完成实验，测量相应指标并记录。

实验报告要求

（1）写出设计原理及步骤，画出电路图，标明参数值。

（2）整理实验数据，绘出方波、三角波的波形图。

（3）分析实验现象及可能采取的措施。

预习要求

（1）复习有关方波-三角波产生电路的工作原理。

（2）按设计任务与要求设计出电路图。

思考题

（1）在波形发生器各电路中，"相位补偿" 和 "调零" 是否需要？为什么？

（2）怎样测量非正弦波电压的幅值？

实验 13　集成稳压器

实验目的

（1）通过实验进一步掌握整流与稳压电路的工作原理。

（2）学会电源电路的设计与调试方法。

（3）熟悉集成稳压器的特点，学会合理选择使用。

设计任务与要求

1）基本设计任务与要求

设计一个直流稳压电源，要求输出直流电压为＋9V；最大输出电流为 $I_{omax}＝500\mathrm{mA}$。实验的具体要求见实验内容与步骤，参考器件见实验仪器、设备与器件。

2）扩展设计任务与要求

扩大输出电压调节范围为＋9～＋12V，提高最大输出电流值，纹波电压小于或等于5mV。要求在实验箱上完成，并测量出设计指标。

实验原理

集成稳压器在各种电子设备中应用十分普遍，它的种类很多，应根据设备对直流电源的要求来进行选择。对于大多数电子仪器、设备和电子电路来说，三端式稳压器应用非常广泛，它仅有三个引出端：输入端、输出端和公共端。目前常用的有最大输出电流 $I_{om}＝100\mathrm{mA}$ 的 W78L×× （W79L××）系列，$I_{om}＝500\mathrm{mA}$ 的 W78M×× （W79M××）系列和 $I_{om}＝1.5\mathrm{A}$ 的 W78×× （W79××）系列。型号中，78 表示输出为正电压，79 表示输出为负电压；型号中最后两位数表示输出电压值。W78×× 系列外形及电路符号如图 3-36 所示。

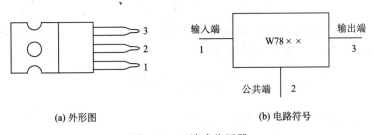

(a) 外形图   (b) 电路符号

图 3-36　三端式稳压器

1）固定输出电压的稳压电路

图 3-37 所示电路是固定输出电压的稳压电路，其输出电压 U_0 即为三端式稳压器标称的输出电压参数。图中电容 C_1 可以进一步减小输入电压的纹波，并能消除自激振荡。电容 C_2 可以消除输出高频噪声。在选择三端稳压器时，首先应根据所设计的输出电流选择稳压器系列。例如，输出电流小于 100mA 时可选用 W78L×× 系列；输出电流小于 500mA 时可选用 W78M×× 系列；输出电流小于 1.5A 时可选用 W78×× 系列。然后根据输出电压要求选择合适型号的三端稳压器。例如，稳压电源设计要求为 ＋12V、1.2A，可选用 W7812 三端稳压器。

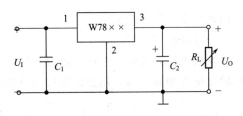

图 3-37　固定输出电压的稳压电路

2）输出电压可调的稳压电路

若希望输出电压可调时，可接成图 3-38 所示电路。R_1、R_2 和 R_3 为取样电路，集成运算放大器接成电压跟随器。运算放大器输入电压就是 U_0 与稳压器标称电压 U_0' 之差。该稳压电路的电压调节范围为

$$U_{\mathrm{Omax}} = \frac{R_1 + R_2 + R_3}{R_1} U'_{\mathrm{O}}$$

$$U_{\mathrm{Omin}} = \frac{R_1 + R_2 + R_3}{R_1 + R_2} U'_{\mathrm{O}}$$

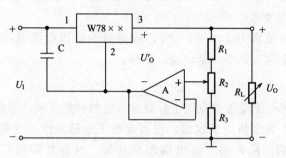

图 3-38　输出电压可调的稳压电路

3）稳压电路输入电压 U_{I} 的确定

为保证稳压器在低电压输入时仍处于稳压状态，要求

$$U_{\mathrm{I}} \geqslant U_{\mathrm{Omax}} + (U_{\mathrm{I}} - U_{\mathrm{O}})_{\mathrm{min}}$$

式中，$(U_{\mathrm{I}} - U_{\mathrm{O}})_{\mathrm{min}}$ 是稳压器的最小输入输出电压差，典型值为 3V，考虑到输入的 220V 交流电压的正常波动 $\pm10\%$，则 U_{I} 的最小值为

$$U_{\mathrm{I}} \approx \frac{U_{\mathrm{Omax}} + (U_{\mathrm{I}} - U_{\mathrm{O}})_{\mathrm{min}}}{0.9}$$

另一方面，为保证稳压器安全工作，要求

$$U_{\mathrm{I}} \leqslant U_{\mathrm{Omin}} + (U_{\mathrm{I}} - U_{\mathrm{O}})_{\mathrm{max}}$$

式中，$(U_{\mathrm{I}} - U_{\mathrm{O}})_{\mathrm{max}}$ 是稳压器的最大输入输出电压差，典型值为 35V。但在实际应用时，应考虑防止稳压器输入输出电压差过大而损坏稳压器。

稳压电路输入电压 U_{I} 可由单相桥式整流电容滤波电路获得，如图 3-39 所示，且有

$$U_{\mathrm{I}} = (1.1 \sim 1.4)U_2$$

从而确定变压器负边电压。

4）纹波电压的测量

纹波电压是指输出电压交流分量的有效值，一般为毫伏数量级。测量时，保持输出电压和输出电流为额定值，用交流电压表直接测量即可。

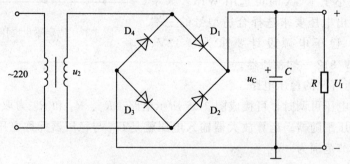

图 3-39　单相桥式整流电容滤波电路

实验仪器、设备与器件

(1) 万用表。

(2) 晶体管毫伏表。

(3) 综合电子实验箱。

(4) TDS1002 型数字示波器。

(5) 三端式稳压器：W7805，运放：LM324；电位计：1kΩ、10kΩ、100kΩ、500kΩ 若干；电阻：51Ω、100Ω、200Ω、510Ω、1kΩ、2kΩ、3kΩ、4.3kΩ、5kΩ、5.1kΩ、8.2kΩ、10kΩ、20kΩ、50kΩ、100kΩ、200kΩ 若干；电容：0.01μF、0.033μF、0.1μF、1μF、10μF、33μF、47μF、100μF 若干；二极管若干；变压器。

实验内容与步骤

(1) 按基本设计要求设计电路及参数，按相应的电路图组装电路。

(2) 调整电路使输出直流电压为+9V，测量负载电流。

(3) 按扩展设计任务与要求设计出具体的电路图，并标注元件参数值。在实验箱上完成实验，调整电路使输出直流电压在+9～+12V 范围连续可调，选择其中 5 个测试点进行测量，测量纹波电压、负载电流，并记录。

实验报告要求

(1) 写出设计原理及步骤，画出电路图，标明参数值。

(2) 分析、整理实验数据。

(3) 分析实验现象及可能采取的措施。

预习要求

(1) 复习稳压电源工作原理。

(2) 按设计任务与要求设计出电路图。

思考题

(1) 如何测量稳压电源的输出电阻？

(2) 实验中使用稳压器应注意什么？

第4章 模拟电子技术课程设计

课程设计1 低频放大电路的设计

设计任务

放大电路输入电阻 $R_i > 100\text{k}\Omega$；输出电阻 $R_o < 100\Omega$；共模抑制比 $K_{CMR} > 60\text{dB}$；频带范围 $300 \sim 5000\text{Hz}$；当输入信号电压幅值 $U_{im} = 5\text{mV}$ 时，输出电压幅值 $U_{om} = 5\text{V}$，负载电阻为 $1\text{k}\Omega$。

设计提示及参考电路

从设计指标要求看，设计该放大器主要应从电压放大倍数及其稳定性、输入电阻、输出电阻、通频带等方面考虑。该放大电路的原理框图如图 4-1 所示。

图 4-1 放大电路的原理框图

用集成运算放大器设计该放大电路具有体积小、组装简单、调试方便、工作稳定等优点，因此被广泛采用，它的设计步骤一般如下。

1）确定放大器的级数

放大器的级数应根据总的电压放大倍数来确定，根据指标要求，本设计要求的放大倍数为

$$A_u = \frac{U_{om}}{U_{im}} = \frac{5000}{5} = 1000$$

由于同相放大器的放大倍数一般为 $1 \sim 100$，反相放大器为 $0.1 \sim 100$，为了达到 $A_u = 1000$，本设计至少应采用两级放大器组成。

2）集成运算放大器的选择

在多级放大电路中，第一级的噪声对放大器的影响最大，为了提高电路的信噪比，降低噪声，第一级的放大倍数应适当小些，后级的放大倍数则可相对大些。

由于第一级的输入信号幅度较小，运算放大器工作在小信号条件下，主要应考虑满足其频带宽度、共模抑制比等因素。因此集成运算放大器的选择应以满足放大器最高输入频率及共模抑制比的要求为依据。第二级运算放大器的输入信号幅度较大，运算放大器工作在大信号条件下，这时影响误差的主要因素是运算放大器的转换速率 S_R，转换速率越小，误差就越小，本设计中输出幅度 $U_{om} = 5\text{V}$，最高工作频率 $f_{max} = 5\text{kHz}$，因此要求运算放大器的转换速率 S_R 为

$$S_R \geqslant 2\pi f_{max} U_{om} = 0.157\text{V}/\mu\text{s}$$

3）输入级电路及参数选择

由于第一级的输入信号幅度较小，运算放大器工作在小信号条件下，在典型情况下，有用信号的最大幅度可能仅有若干毫伏，而共模噪声可能高到几伏，故放大器输入漂移和噪声等因素对于总的精度至关重要，放大器本身的共模抑制特性也是同等重要的问题。因此前置放大电路应该是一个高输入阻抗、高共模抑制比、低漂移的小信号放大电路。其参考电路如图 4-2 所示。

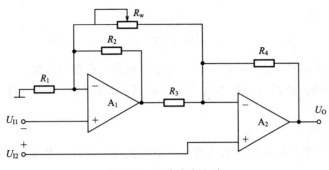

图 4-2　差分放大电路

从两个放大器的同相端输入，可以有效地消除两输入端的共模分量，因此这种电路常用作为高输入电阻的仪用放大电路。

若电路中有 $R_4/R_3 = R_1/R_2$，该放大电路的输出电压仅为差模电压，其闭环差模电压增益为

$$A_{ud} = 1 + \frac{R_1}{R_2}$$

根据上述表达式及放大倍数要求，可以选择各电阻参数，R_w 可选择 $30 \sim 50 \mathrm{k\Omega}$。

4）有源滤波电路及参数选择

有源滤波电路是用有源器件与 RC 网络组成的滤波电路。为实现带通性能，可设计二阶有源带通滤波器。参考电路如图 4-3 所示，图中 $R_2 = 2R$，$R_3 = R$。

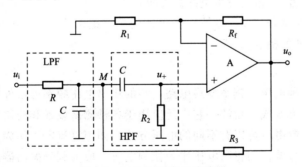

图 4-3　二阶有源带通滤波器

带通滤波器的带宽 f_{bw}、品质因素 Q 及中心频率 f_0 的关系式为

$$Q = \frac{f_0}{f_{bw}}$$

可以证明二阶有源带通滤波器的相应表达式为

$$A_f = 1 + \frac{R_f}{R_1}$$

$$f_0 = \frac{1}{2\pi RC}$$

$$Q = \frac{1}{3 - A_f}$$

通带放大倍数为

$$A_{bw} = \frac{A_f}{3 - A_f}$$

根据上述表达式及带宽等要求，可以计算、确定各电容、电阻的数值。

另外，有源带通滤波器可用低通滤波器和高通滤波器结合而成，可参考实验 9 的有关电路。

5）输出级放大电路

输出级放大电路主要目的是用来实现高增益和低输出电阻的要求，可以选择比例电路完成此功能。

调试及设计报告要求

（1）按照设计任务要求画出电路图，写明电路参数及必要的计算过程，列出材料清单。

（2）在实验板上组装电路并调试。

（3）拟定测试内容和步骤，选择测试仪表，并列出有关的测试表格。

（4）调整测试电路，使其指标达到设计要求值。

（5）写出总结报告，包括故障查找情况、设计及调试体会等。

课程设计 2　压控振荡器

设计任务

设计一个压控方波-三角波发生电路。要求：

控制电压 u_i 范围为 $1 \sim 2V$；方波、三角波的频率范围为 $500 \sim 1000\,\mathrm{Hz}$；输出方波的幅度为 $5V$；输出三角波的幅度为 $4V$。

设计提示及参考电路

压控振荡器是一种电压—频率变换电路，它的输出电压频率可由外加电压来控制，输出波形可以是正弦波、方波或三角波。它广泛应用于各种测试设备和控制系统中。

压控振荡器的控制电压可以有不同的电压方式，如用直流电压作为控制电压，可制成频率调节十分方便的信号源；用正弦电压作为控制电压，成为调频振荡器。本设计是用集成运算放大器组成由直流电压控制的方波-三角波产生电路。

1）电路工作原理

由集成运算放大器组成的压控方波-三角波发生电路如图 4-4 所示。由图可见，滞回比较器 A_2、积分器 A_3 构成的是常规的方波-三角波产生电路，参考实验 12。由运算放大器 A_1 构成输入的控制电压电路，被积分的电压为控制电压 u_i，而这个电压可以改变三角波上

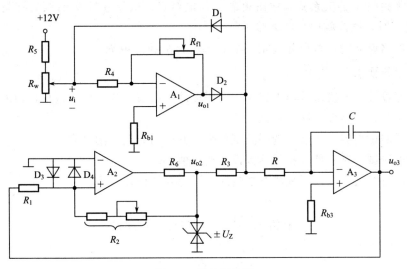

图 4-4 压控振荡器

升、下降的斜率，因此可以实现电压控制振荡频率的目的。

由图 4-4 可知，方波的输出幅度为输出稳压二极管的稳定电压值 $\pm U_Z$；三角波的输出幅度为 $\pm(R_1/R_2)U_Z$。而振荡频率可以由下式计算：

因为

$$u_{o3m}=\frac{R_1}{R_2}U_Z=\frac{1}{RC}\int_0^{T/4}u_i\mathrm{d}t=\frac{u_iT}{4RC}$$

所以，振荡频率为

$$f=\frac{R_2}{4R_1RC}\cdot\frac{u_i}{U_Z}$$

2）参数确定与元件选择

集成运算放大器应选择输入失调小、开环增益高、输入电阻大、带宽较宽以及转换速度快的运算放大器。而外电路的元件参数主要有以下几个：

（1）确定滞回比较器电阻 R_1、R_2。

由上面的公式可知，比较器电阻 R_1、R_2 的取值不但与输出三角波的峰值有关，而且与振荡频率的大小有关。因此在选取比较器电阻 R_1、R_2 时，应同时兼顾两方面的因素；首先根据设计所要求的三角波的输出幅度和运算放大器的最大输出电压 U_{omax} 确定 R_1/R_2，然后确定电阻 R_1、R_2。

（2）确定 R_4、R_{f1}。

运算放大器 A_1 为反相比例放大电路，从该电路的工作原理分析可知，应该使 $u_i=-u_{o1}$，所以，应选 $R_4=R_{f1}$。

另外，调整 R_{f1} 可以得到不同的占空比。

（3）确定 R_5 和 R_w。

R_5 和 R_w 组成分压电路以获取一定变化幅度的输入电压，因此从控制电压 u_i 的输入控制范围来选定 R_5 和 R_w 对电源电压的分压比。

（4）确定 R、C。

根据振荡频率 f 的关系式，振荡频率 f 与电容 C、积分电阻 R 的取值有关，当电容 C 或电阻 R 增大时，振荡频率将随之减小。

在进行电路设计时，可以先设定一个 C 值。然后再选取 R。

调试及设计报告要求

（1）按照设计任务要求画出电路图，写明电路参数及必要的计算过程，列出材料清单。

（2）在实验板上组装电路并调试。

（3）拟定测试内容和步骤，选择测试仪表，并列出有关的测试表格。

（4）调整测试电路，使其指标达到设计要求值。

（5）写出总结报告，包括故障查找情况、设计及调试体会等。

课程设计 3　光电报警器

设计任务

在给定电源电压为 $\pm 6\text{V}$ 的条件下，有光照时在一个 $1/4\text{W}$、8Ω 的喇叭上发出音频 1000Hz 左右的报警信号，无光照时不发信号。

设计提示及参考电路

为了产生所需的音频信号，就必须有一个振荡器，为了有足够大的功率去推动喇叭，就必须有一个功率放大器，为了用光照来进行控制，就必须用一个光电管以及与之有关的一些线路。可以用光电管线路来控制振荡器是否振荡，也可以用光电管线路来控制振荡器的输出是否加到功率放大器上去，这样可以得到两种框图，如图 4-5 所示，究竟采用哪一种框图，由设计者自己决定。也可以用其他方式实现要求。

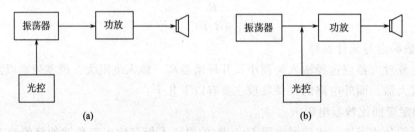

图 4-5　光电报警器框图

1）参考电路及工作原理

这里提供一个无光照时发出音频报警信号，有光照时不发信号的参考电路，如图 4-6 所示。由运算放大器构成正弦波振荡电路，可以产生一定频率的正弦波；光电转换器件可采用普通光电管，这里使用的是光电耦合器。用开关 S 控制是否有光照，不用另置光源，这样实验时比较方便；由三极管 T_3 构成功率放大器放大音频信号，使喇叭发声。

工作时，如开关断开，这相当于无光照，则使 T_1、T_2 同时截止，正弦波振荡电路产生的音频信号可以送到后端的功放进行放大并发声报警；如开关闭合，相当于有光照，则会使 T_1、T_2 同时饱和导通，正弦波振荡电路产生的音频信号就不能送到后端的功放进行放大，也就不能发声报警。

2）参数确定与元件选择

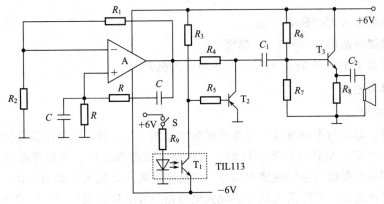

图 4-6　光电报警器参考电路

集成运算放大器应选择输入失调小、输入电阻大、输出电阻小的运算放大器。

而外电路的元件参数主要有以下几个：

（1）振荡电路中的 R、C、R_1 和 R_2 的选择。

这几个参数的选择与实验 11 中相应的参数选择相同，可参考实验 11。选择 R_1/R_2 略大于 2 时，呈现比较好的正弦波，因振荡器的波形失真对本设计无关紧要，所以，可把 R_1 选得大些以便更易起振，R_1、R_2 和 R 的阻值不宜选得过小，否则将使集成运放负载加重，甚至过载。

（2）光控电路中的 R_3、R_4、R_5 和 R_9 的选择。

根据光电耦合器的指标要求来选择限流电阻 R_9；由 T_1 管及 T_2 管饱和导通的要求计算、选择 R_3、R_4、R_5。

（3）功放电路中 R_6、R_7 和 R_8 的选择。

在由 T_3 管组成的功放电路，电阻 R_6、R_7 和 R_8 的选择可按射级输出器电路的设计方法，计算、选择出 R_6、R_7 和 R_8。

（4）电容 C_1 和 C_2 的选择。

由于本设计中，信号频率仅为 $1000\,\mathrm{Hz}$，因此可选择较大容量的电解电容即可。

调试及设计报告要求

（1）按照设计任务要求画出电路图，写明电路参数及必要的计算过程，列出材料清单。

（2）在实验板上组装电路并调试。

（3）测试出音频振荡器的频率、功放的静态工作点、光控电路在有光照和无光照两种情况下电路的工作状态。

（4）观察振荡器输出波形以及功放输出波形。

（5）写出总结报告，包括故障查找情况、设计及调试体会等。

课程设计 4　温度测量、显示与报警系统

设计任务

设计一个温度测量、显示与报警系统，能够对温度进行测量及相应处理。具体要求

如下：

（1）被测温度可实时数字显示。

（2）测量温度范围：0～60℃，精度±1℃。

（3）温度低于10℃或高于40℃，产生声、光报警。

设计提示及参考电路

1）基本原理

温度测量、显示与报警系统的基本组成框图如图4-7所示，它是由温度传感器、温度变换电路、放大电路、A/D转换器、译码显示电路、比较器及声、光报警电路等组成。温度传感器的作用是把温度信号转换成电信号。温度变换电路是把表示绝对温度"K"的电信号转换为表示摄氏温度"℃"的电信号。放大电路是对表示摄氏温度"℃"的电信号进行放大且定标，定标的选择与A/D转换器的转换位数有关，以便易于实时数字显示。A/D转换器是把模拟信号转换为数字量，以便进行数字显示。译码显示电路显示测量到的温度值。比较器及声、光报警电路的作用是与预先设定的固定电压进行比较，当温度低于10℃或高于40℃时，使声、光报警电路产生相应报警。

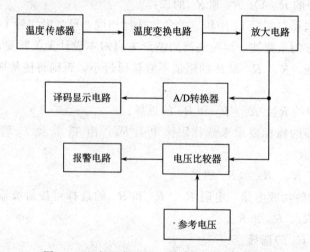

图4-7　温度温度测量、显示与报警系统框图

2）温度传感器

温度传感器可以采用集成的温度传感器AD590来实现温度-电流转换，AD590是一种两个接线端的电流型器件，具有良好的线性。输出阻抗达10MΩ，工作电压为4～30V，线性的电流输出当量为1μA/K。它的工作电压、温度与输出电流的关系如图4-8所示。

利用AD590实现的温度-电压转换电路如图4-9所示。由图4-9可得

$$u_\circ = 1\mu A/K \times R$$

若 $R = 10k\Omega$，则 $u_\circ = 10mV/K$。

3）温度变换电路

AD590实现的温度-电压转换是把温度转换为表示绝对温度"K"的电压信号，而实际系统中温度通常用摄氏温度"℃"表示，因此需要将表示绝对温度"K"的电压信号转换为表示摄氏温度"℃"的电压信号，温度变换电路可由运算放大器组成的两个输入加法器构成，目的是使0℃（即273K）时，输出电压为0V。

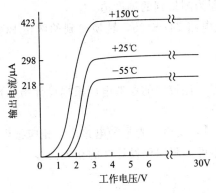

图 4-8 AD590 的特性图

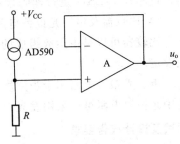

图 4-9 温度-电压转换电路

4）放大电路

为了便于实时显示温度，需要对表示摄氏温度"℃"的电压进行放大且定标，定标的选择与 A/D 转换器的转换位数有关，假设 A/D 转换器的转换位数为 8 位，可以选择使放大电路的输出满足 80mV/℃。该放大电路可以选用由运放构成的比例电路实现。

5）A/D 转换器

A/D 转换器的作用是把模拟信号转换为数字信号，以便进行温度的数字显示。根据设计任务要求，由于测量温度范围为 10～40℃，且精度 ±1℃，因此选择常用的 8 位 A/D 转换器便可满足设计指标，可以选用 A/D 转换器 ADC0801 来实现 A/D 转换。

ADC0801 是 8 位逐次逼近式 ADC，20 引脚双列直插式封装，其逻辑电平与 MOS 和 TTL 都是兼容的。ADC0801 有两个模拟电压输入端，可以对 0～±5V 进行转换。有关 ADC0801 的具体功能可查阅有关资料。

利用 ADC0801 进行 A/D 转换的参考电路如图 4-10 所示。

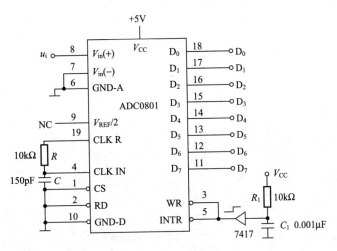

图 4-10 A/D 转换电路

6）译码显示电路

译码显示电路的目的是显示测量到的温度值。由于测量温度范围为 10～40℃，且精度 ±1℃，放大电路的输出满足 80mV/℃，而且选择的 A/D 转换器为 8 位，因此经过 A/D 转换器得到的 8 位数字量中的高 6 位所对应的十进制数即为测量到的温度值。

将 6 位二进制数转换为两位 BCD 数可以采用集成电路 74LS185，转换得到的两位 BCD 码通过芯片 74LS47 进行译码显示。

7）比较器及声、光报警电路

比较器可以是由运放组成的滞回特性的电压比较器，比较器的参考电压根据设计指标预先设定。

声、光报警电路用于当温度低于 10℃ 或高于 40℃ 时，使声、光报警电路产生相应报警。其中光报警电路可以采用发光二极管实现，声报警电路可参照课程设计 3 的相关内容。

调试及设计报告要求

（1）按照设计任务要求画出电路图，写明电路参数及必要的计算过程，列出材料清单。

（2）在实验板上组装电路并调试。

（3）分别观察温度低于 10℃ 或高于 40℃ 两种情况下，声、光报警电路的工作状态及显示译码电路的显示数值。

（4）观察温度在 10～40℃ 变化时，声、光报警电路的工作状态，测量显示温度的准确性。

（5）写出总结报告，包括故障查找情况、设计及调试体会等。

第 5 章　数字电子技术实验

实验 1　集成与非门的参数测试

实验目的

（1）了解 TTL 和 CMOS 与非门各参数的意义。

（2）掌握 TTL 和 CMOS 与非门的主要参数的测试方法。

（3）掌握 TTL 和 CMOS 与非门电压传输特性的测试方法。

实验原理

1）TTL 与非门的主要参数的测试

（1）输出高电平 U_{OH}。

输出高电平是指与非门有一个以上输入端接地或接低电平时的输出电平。空载时，输出高电平必须大于标准高电压（$U_{SH} = 2.4V$）；接有拉电流负载时，输出高电平将下降。测试电路如图 5-1 所示。

（2）输出低电平 U_{OL}。

输出低电平是指与非门所有输入端都接高电平时的输出电平。空载时，输出低电平必须低于标准低电压（$U_{SL} = 0.4V$）；接有灌电流负载时，输出低电平将上升。测试电路如图 5-2 所示。

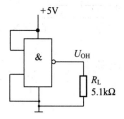

图 5-1　U_{OH} 的测试电路

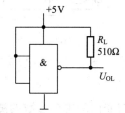

图 5-2　U_{OL} 的测试电路

（3）输入短路电流 I_{IS}。

输入短路电流是指与非门的输入端接地，空载时，从输入端流出的电流。一般输入短路电流小于 1.6mA，典型值为 1.4mA。测试电路如图 5-3 所示。

（4）扇出系数 N。

扇出系数是指输出端最多能带同类门的个数。它反映了与非门的最大带负载能力。扇出系数可用输出为低电平（$\leqslant 0.35V$）时的最大允许负载电流与输入短路电流之比求得，即 $N = \dfrac{I_{Omax}}{I_{IS}}$。一般 $N > 8$ 被认为合格。测试电路如图 5-4 所示。注意：I_{Omax} 最大不要超过 20mA，以防损坏器件。

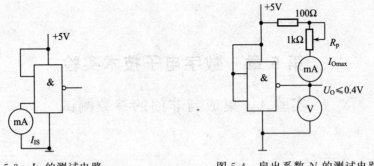

图 5-3　I_{IS} 的测试电路　　　　图 5-4　扇出系数 N 的测试电路

2）TTL 与非门的电压传输特性

电压传输特性是指输出电压随输入电压变化的曲线。从电压传输特性上直接读出输出高电平（U_{OH}）、输出低电平（U_{OL}）。测试电路如图 5-5 所示，其中图 5-5（a）是利用电位器调节被测输入电压，测出对应的输出电压，用实测的数据绘出电压传输特性曲线；图 5-5（b）是用示波器显示电压传输特性曲线，其中输入为 500Hz、4V 的锯齿波，取自实验箱上信号源。示波器工作在 X-Y 方式，X 和 Y 输入合成的曲线，可直观地观察到与非门的电压传输特性。

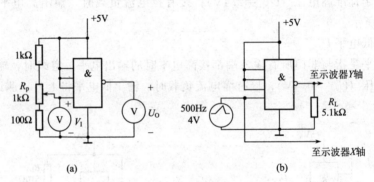

图 5-5　电压传输特性测试电路

3）CMOS 与非门的主要参数的测试

（1）输出高电平 U_{OH}。

测试条件是输出端开路，将一个输入端接地，其他输入端接高电平。通常输出高电平 U_{OH} $\approx V_{DD}$。

（2）输出低电平 U_{OL}。

输出低电平是指在规定的电源电压下，输入端接 V_{DD}，输出端开路时输出的电平。通常 $U_{OL} \approx 0V$。

U_{OH} 和 U_{OL} 的测试电路如图 5-6 所示。输入全部接高电平时测 U_{OL}；将其中一个输入端接地，其余输入端接高电平时测 U_{OH}。

4）CMOS 与非门的电压传输特性

CMOS 与非门的电压传输特性很接近理想的电压传输特性曲线，是目前其他任何逻辑电路都比不上的。CMOS 与非门的电压传输特性曲线的测试方法与 TTL 与非门的电压传输特性曲线的测试方法基本一样，只是将不用的输入端接到电源＋V_{DD} 上即可，不得悬空。测试电路如图 5-7 所示。

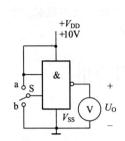

图 5-6　CMOS 与非门的
U_{OH} 和 U_{OL} 的测试电路

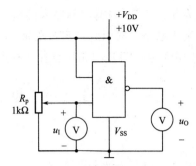

图 5-7　COMS 与非门的
电压传输特性测试电路

实验仪器、设备与器件

（1）电子技术综合实验箱。

（2）数字万用表。

（3）集成电路：74LS00、74LS20、CD4011。

（4）电阻：5.1kΩ、1kΩ、3kΩ、2.7kΩ、510Ω、100Ω。

（5）电位器：1kΩ、47kΩ。

实验内容与步骤

1）基本内容

（1）用 Multisim 7 进行软件仿真，分析仿真结果。

（2）在实验箱上完成电路，用数字万用表分别测量 TTL 与非门、CMOS 与非门在带负载和开路两种情况下的输出高电平和输出低电平。

（3）测量 TTL 与非门和 CMOS 与非门的电压传输特性曲线。

（4）测试 TTL 与非门的输入短路电流、扇出系数。

（5）验证 TTL 与非门和 CMOS 与非门的逻辑功能。

2）扩展内容

了解其他 TTL 和 CMOS 逻辑门的主要参数及测试方法。

实验报告要求

（1）分别列表记录所测得的 TTL 与非门和 CMOS 与非门的主要参数。

（2）分别画出 TTL 与非门和 CMOS 与非门的电压传输特性曲线，标出 U_{OH}、U_{OL}。

（3）比较 TTL 与非门和 CMOS 与非门的性能。

预习要求

（1）熟悉数字逻辑门的结构和使用方法。

（2）了解 TTL 和 CMOS 与非门（74LS00 和 CD4011）的外引脚排列。

（3）了解 TTL 和 CMOS 与非门的主要参数的定义和意义。

（4）熟悉各测试电路，了解测试原理和方法。

（5）熟悉 Multisim 7 仿真软件。

（6）拟订实验步骤和数据表格。

思考题

（1）为什么 TTL 与非门的输入端悬空相当于逻辑 1？

（2）集成电路有的引脚规定接逻辑 1，而在实际电路中为什么不能悬空？

（3）CMOS 与 TTL 门相比有什么特点？

实验 2　集成逻辑门及其应用

实验目的

（1）验证逻辑门电路的功能。

（2）掌握集成逻辑门电路的实际应用。

（3）了解逻辑门多余输入端的处理方法。

实验原理

1）TTL 逻辑门电路

TTL 逻辑门电路是数字电路中应用最广泛的门电路，基本门有与门、或门和非门。复合门有与非门、或非门、与或非门和异或门等。这种电路的电源电压为＋5V，电源电压允许变化范围比较窄，一般为 4.5～5.5V。输出高电平的典型值是 3.6V（输出高电平≥2.4V 合格），输出低电平的典型值是 0.3V（输出低电平≤0.45V 合格）。

对门电路的多余输入端，最好不要悬空，虽然对 TTL 门电路来说，悬空相当于逻辑 1，并不影响与门、与非门的逻辑关系，但悬空容易受到干扰，有时会造成电路误动作。不同的逻辑门，其多余输入端的处理有不同的方法。

（1）TTL 与门、与非门的多余输入端的处理。

TTL 与门、与非门多余输入端的处理方法是，把多余输入端与有用的输入端并联使用；把多余输入端接高电平或通过串接限流电阻接高电平。实际使用中多采用把多余的输入端通过串接限流电阻接高电平的方法。多余输入端的处理方法如图 5-8 所示。

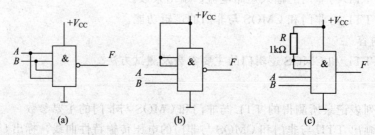

图 5-8　TTL 与门、与非门多余输入端的处理方法

（2）TTL 或门、或非门的多余输入端的处理。

TTL 或门、或非门的多余输入端的处理方法是，把多余输入端与有用的输入端并联使用；把多余输入端接低电平或接地。多余输入端的处理方法如图 5-9 所示。

2）CMOS 逻辑门电路

CMOS 门电路具有输入电阻高、功耗小、制造工艺简单、集成度高、电源电压变化范围大（3～18V）、输出电压摆幅大和噪声容限高等优点，因而在数字电路中得到了广泛的应用。高电平的典型值是电源电压 V_{DD}，低电平的典型值是 0V。

　　由于 CMOS 门电路的输入电阻很高，容易受静电感应而造成击穿，使其损坏，因此，使用时应注意以下几点：

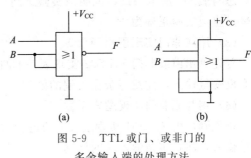

图 5-9　TTL 或门、或非门的
多余输入端的处理方法

　　（1）CMOS 门电路一定要先加电源电压 V_{DD}，后加输入信号 U_i，而且应满足 $V_{SS} \leqslant U_i \leqslant V_{DD}$，工作结束时，先撤去输入信号，后去掉电源。

　　（2）电源电压 V_{DD}、V_{SS} 首先要避免超过极限电压，其次要注意电源电压的高低影响电路的工作频率，绝对不允许接反。

　　（3）禁止在电源接通的情况下，装拆线路或器件。

　　（4）对门电路多余的输入端，不能悬空，对不同的逻辑门电路，其多余输入端的处理有不同的方法。

　　① CMOS 与门、与非门的多余输入端的处理。方法是把多余输入端与有用的输入端并联使用；把多余输入端接高电平或通过串接限流电阻接高电平。实际使用中多采用把多余的输入端通过串接限流电阻接高电平的方法，最好不要并联使用，因为这样将增加输入端的电容量，降低工作速度。

　　② CMOS 或门、或非门的多余输入端的处理。方法是把多余输入端与有用的输入端并联使用；把多余输入端接低电平或接地。

实验仪器、设备与器件

　　（1）电子技术综合实验箱。

　　（2）数字万用表。

　　（3）集成电路：74LS00、74LS27、74LS86、74LS51、74LS20、74LS02。

　　（4）电阻：1kΩ。

实验内容与步骤

　　1）基本内容

　　实验前按实验箱的使用说明先检查电源是否正常，然后选择实验用的集成电路，按设计的实验接线图接好，特别注意电源 $+V_{CC}$ 及地线不能接错。实验中改动接线需断开电源，接好线再通电实验。

　　（1）测试常用逻辑门的功能。

　　74LS00、74LS02、74LS27、74LS51、74LS86 的引脚图见附录，选中一个逻辑门，输入端分别接到逻辑开关上，输出端接到发光二极管上，通过发光二极管的状态来观察逻辑门的输出状态。扳动开关给出高低电平输入，测试其逻辑功能。若其功能正确，可以使用，否则，不能使用。

　　（2）用与非门实现逻辑函数。

　　写出逻辑函数表达式，由于 74LS00 是与非门，故将其改写成与非-与非形式。画出标明引脚的逻辑电路图，将输入端（A、B、C）接到逻辑开关上，输出端（F）接到发光二极管上，通过发光二极管的状态来观察与非门的输出状态。扳动开关给出八种组合输入，若输出状态与表 5-1 所示一致，说明该实验正确。反之，则说明实验不正确，需查找原因，排除故障，直至实验正确为止。

（3）用或非门实现逻辑函数。

首先画出由或非门 74LS02 实现表 5-1 的逻辑图，然后将实验结果填入表 5-2 中。不允许有反变量输入，注意多余输入端的处理。

（4）用与或非门实现逻辑函数。

首先画出由 74LS51 实现表 5-1 的逻辑图，然后将实验结果填入表 5-3 中。不允许有反变量输入，注意多余输入端的处理。

表 5-1　真值表					表 5-2　真值表					表 5-3　真值表			
A	B	C	F		A	B	C	F		A	B	C	F
0	0	0	0		0	0	0			0	0	0	
0	0	1	0		0	0	1			0	0	1	
0	1	0	0		0	1	0			0	1	0	
0	1	1	1		0	1	1			0	1	1	
1	0	0	0		1	0	0			1	0	0	
1	0	1	0		1	0	1			1	0	1	
1	1	0	1		1	1	0			1	1	0	
1	1	1	1		1	1	1			1	1	1	

2）扩展内容

用异或门 74LS86 设计一个 4 位二进制数取反电路。要求画出逻辑电路，列出功能表，并通过实验验证。

实验报告要求

（1）按实验要求，画出逻辑图。

（2）分析实验中出现的问题。

（3）比较 TTL 门和 CMOS 门的性能。

（4）写出实验心得体会。

预习要求

（1）复习基本门电路的工作原理及相应逻辑表达式。

（2）熟悉集成电路的引脚及其用途。

（3）了解各种逻辑门的多余输入端的处理方法。

（4）熟悉实验箱的基本功能及使用方法。

思考题

（1）CMOS 门和 TTL 门的多余输入端的处理方法是什么？

（2）CMOS 门和 TTL 门的输出端应注意哪些问题？

（3）能否将 TTL 门作为 CMOS 门的负载？为什么？

实验 3　三态门和集电极开路门

实验目的

（1）掌握三态门（TSL 门）、集电极开路门（OC 门）的特点。

（2）学习三态门、集电极开路门组成的应用电路。

设计任务与要求

1）基本设计任务与要求

（1）用 TSL 门设计一个三路信号分时传送的总线结构。框图如图 5-10 所示，功能表如表 5-4 所示。

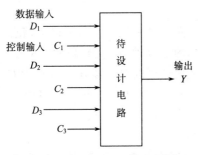

数据输入 D_1

控制输入 C_1

D_2

C_2

D_3

C_3

待设计电路

输出 Y

图 5-10　三路信号分时传送的框图

表 5-4　三路信号分时传送的功能表

控制端			输出
C_1	C_2	C_3	Y
1	0	0	D_1
0	1	0	D_2
0	0	1	D_3

（2）用集电极开路与非门实现三路信号分时传送的总线结构。要求同（1）。

（3）已知某逻辑函数的卡诺图如图 5-11 所示，用 OC 门实现该逻辑函数。要求所用的 OC 门的数量最少。

2）扩展设计任务与要求

用三态门设计一个多路双向传输信号电路。要求传输信号在三路以上。

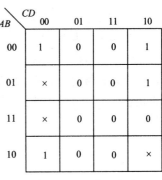

AB \ CD	00	01	11	10
00	1	0	0	1
01	×	0	0	1
11	×	0	0	0
10	1	0	0	×

图 5-11　逻辑函数的卡诺图

实验原理

在数字系统中，有时需把两个或两个以上集成逻辑门的输出端连接起来，完成一定的逻辑功能，普通 TTL 门电路的输出端是不允许直接连接的，而 TSL 门和 OC 门允许输出端连在一起使用。

1）集电极开路门

（1）利用 OC 门实现"线与"。集电极开路与非门只有在外接上拉电阻 R_L 和电源 $+E_C$ 后才能正常工作。由两个 OC 门输出端相连的电路如图 5-12 所示，输出为

$$F = F_1 F_2 = \overline{AB} \cdot \overline{CD} = \overline{AB + CD}$$

即实现两个 OC 门输出端"线与"，完成与或非的逻辑功能。

（2）利用 OC 门实现电平转换。当 74 系列或 74LS 系列 TTL 电路驱动 CD4000 系列或 74HC 系列 CMOS 电路时，不能直接驱动，因为 74 系列 TTL 电路的 $U_{OH(min)} = 2.4V$，74LS 系列 TTL 电路的 $U_{OH(min)} = 2.7V$，CD4000 系列的 CMOS $U_{IH(min)} = 3.5V$，74HC 系列

CMOS $U_{IH(min)} = 3.15V$，显然不满足 $U_{OH(min)} \geqslant U_{IH(min)}$。最简单的解决方法是在 TTL 电路的输出端与电源之间接入上拉电阻 R_L，如图 5-13 所示。

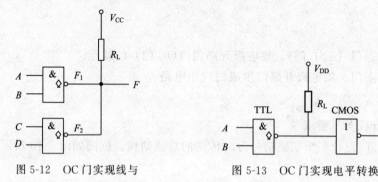

图 5-12　OC门实现线与　　　　　图 5-13　OC门实现电平转换

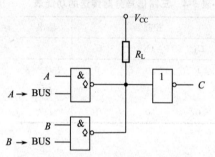

图 5-14　OC门实现多路信号采集

（3）实现多路信号采集。使两路以上信息共用一个传输通路，如图 5-14 所示。当 $A \rightarrow$ BUS 为 1，$B \rightarrow$ BUS 为 0 时，此时就可以把信号 A 传到输出 C；当 $A \rightarrow$ BUS 为 0，$B \rightarrow$ BUS 为 1 时，此时就可以把信号 B 传到输出 C。

2）三态门

TSL 门除了通常的高电平和低电平两种输出状态外，还有第三种输出状态——高阻态。处于高阻态时，电路与负载之间相当于开路。

TSL 门用途之一是实现总线传输。总线传输的方式有两种，一种是单总线，如图 5-15（a）所示，功能表如表 5-5 所示，可实现信号 A_1、A_2、A_3 向总线 Y 的分时传送；另一种是双总线，如图 5-15（b）所示，功能表如表 5-6 所示，可实现信号的分时双向传送。单向总线方式下，要求只有需要传输信息的那个 TSL 门的控制端处于有效状态（EN=1），其余各门皆处于禁止状态（EN=0），否则会出现与普通 TTL 门线与运用时同样的问题，因而是绝对不允许的。

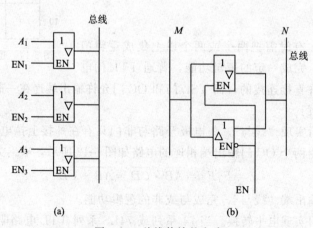

图 5-15　总线传输的方式

表 5-5 单总线逻辑功能			
使能控制			输出
EN_1	EN_2	EN_3	Y
1	0	0	A_1
0	1	0	A_2
0	0	1	A_3
0	0	0	高阻

表 5-6 双向总线逻辑功能	
使能控制	信号传输方向
EN	
1	$M{\rightarrow}N$
0	$N{\rightarrow}M$

实验仪器、设备与器材

（1）数字存储示波器。

（2）函数信号发生器。

（3）电子技术综合实验箱。

（4）数字万用表。

（5）集成电路：74LS01、74LS04、74LS125、74LS126。

实验内容与步骤

（1）按基本设计任务与要求设计电路，并用 Multisim 7 进行软件仿真，分析仿真结果。

（2）在实验仪上安装电路，检查实验电路接线无误之后接通电源。

（3）测试设计电路的功能。

① 静态验证。控制输入和数据输入端加高、低电平，用电压表测量输出高电平、低电平的电压值。

② 动态验证。控制输入加高、低电平，数据输入加连续脉冲，用示波器观察数据输入波形和输出波形。

③ 动态验证时，用示波器 DC 耦合，测定输出波形的峰-峰值 V_{p-p} 及高、低电平值。

实验报告与要求

（1）将示波器观察到的波形画在方格纸上。要求输入、输出波形画在同一个相位平面上，比较两者的相位关系。

（2）根据要求设计的任务应有设计过程和设计逻辑图，记录实测结果，并进行分析。

（3）完成思考题。

预习要求

（1）根据设计任务的要求，画出逻辑电路图，并注明引脚号。

（2）拟定记录测量结果的表格。

（3）完成思考题。

思考题

（1）用 OC 门时是否需要外接其他元件？如需要，此元件应如何取值？

（2）几个 OC 门的输出端是否允许连接在一起？

（3）几个 TSL 门的输出端是否允许连接在一起？有无条件限制？应注意什么问题？

（4）如何用示波器来测量波形的高、低电平？

实验 4　加法器及译码显示电路

实验目的

（1）掌握二进制加法运算。

（2）掌握全加器的逻辑功能。

（3）熟悉集成加法器及其使用方法。

（4）掌握七段译码器和数码管的使用。

设计任务与要求

1）基本设计任务与要求

（1）要求用与非门 74LS00 和异或门 74LS86 设计一个全加器。

（2）用加法器 74LS83 设计一个实现余 3 码至 8421 码的转换电路。

表 5-7 列出了将余 3 码转换成 8421 码的真值表。其中 A、B、C、D 为余 3 码，W、X、Y、Z 为 8421 码。

表 5-7　余 3 码转换成 8421 码的真值表

A	B	C	D	W	X	Y	Z
0	0	1	1	0	0	0	0
0	1	0	0	0	0	0	1
0	1	0	1	0	0	1	0
0	1	1	0	0	0	1	1
0	1	1	1	0	1	0	0
1	0	0	0	0	1	0	1
1	0	0	1	0	1	1	0
1	0	1	0	0	1	1	1
1	0	1	1	1	0	0	0
1	1	0	0	1	0	0	1

（3）在基本设计任务与要求（2）的基础上，再进一步完成译码显示功能。用显示译码器 74LS47 和共阳极 LED 数码管组成译码显示电路，表 5-7 中 W、X、Y、Z 作为译码器的输入，将译码器的输出接至数码管，显示十进制数码。

2）扩展设计任务与要求

（1）在全加器的基础上，设计一个二位二进制加法器/减法器。画出逻辑图，列出元件清单。

（2）设计一个 BCD 码加法器。注意在满十时即进位。画出逻辑图，列出元件清单。

实验原理

1）全加器

全加器是一种将被加数、加数和来自低位的进位数三者相加的运算器。

全加器的真值表如表 5-8 所示。

逻辑表达式

$$S_i = A_i \oplus B_i \oplus C_i$$
$$C_{i+1} = (A_i \oplus B_i)C_i + A_iB_i$$

表 5-8　全加器的真值表

A_i	B_i	C_i	S_i	C_{i+1}
0	0	0	0	0
0	0	1	1	0
0	1	0	1	0
0	1	1	0	1
1	0	0	1	0
1	0	1	0	1
1	1	0	0	1
1	1	1	1	1

2）二进制加法器

（1）串行进位并行加法器。利用全加器可构成二进制串行进位并行加法器。构成的四位二进制加法器如图 5-16 所示。

（2）超前进位并行加法器。为了进一步提高运算速度，出现了超前进位并行加法器，74LS83 和 74LS283 为集成四位超前进位并行加法器。利用此器件加法器、减法器以及代码转换电路。

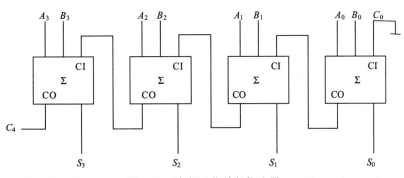

图 5-16　串行进位并行加法器

3）译码器

译码器可分为两大类，一类是通用译码器，另一类是显示译码器。显示译码器将 BCD 代码译成数码管所需要的驱动信号，以便使数码管显示出相应的十进制数字。

4）LED 数码管

LED 数码管分为共阳极、共阴极两种形式。共阳极 LED 数码管是将发光二极管的阳极接在一起作为公共极，当驱动信号为低电平时，阳极必须接高电平，才能够使二极管发光显示；共阴极 LED 数码管与共阳极相反，它是将发光二极管的阴极接在一起作为公共极，当驱动信号为高电平时，阴极必须接低电平，才能够使二极管发光显示。LED 数码管的外引脚如图 5-17 所示。

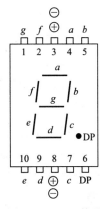

图 5-17　LED 数码管的外引脚图

实验仪器、设备与器件

（1）电子技术综合实验箱。

（2）数字万用表。

（3）集成电路：74LS83、74LS283、74LS86、74LS47、74LS00、74LS32、74LS08。

（4）共阳极 LED 数码管。

实验内容及步骤

（1）按基本设计任务与要求设计电路，用 Multisim 7 仿真，分析仿真结果。

（2）在实验箱上连接所设计的电路，检查实验电路接线无误之后接通电源。

（3）测试设计的全加器功能。

（4）测试设计的转换电路功能。实验前在逻辑图上标出被加数的数值。实验时通过开关输入余 3 码，通过观察发光二极管的状态，验证转换结果是否正确。

（5）在实验内容及步骤（4）的基础上，进一步完成译码显示功能。W、X、Y、Z 作为译码器的输入，译码器对其进行译码，LED 数码管显示 $0 \sim 9$ 十进制数。画出逻辑图，将 LED 数码管显示的十进制数填入表 5-9 中。

表 5-9　LED 数码管显示结果

A	B	C	D	W	X	Y	Z	十进制数
0	0	1	1	0	0	0	0	
0	1	0	0	0	0	0	1	
0	1	0	1	0	0	1	0	
0	1	1	0	0	0	1	1	
0	1	1	1	0	1	0	0	
1	0	0	0	0	1	0	1	
1	0	0	1	0	1	1	0	
1	0	1	0	0	1	1	1	
1	0	1	1	1	0	0	0	
1	1	0	0	1	0	0	1	

（6）按扩展设计任务与要求设计电路，用 Multisim 7 进行仿真，分析仿真结果。在实验箱上连接电路，并验证其逻辑功能。

实验报告要求

（1）写出实验内容与步骤，画出逻辑图。

（2）整理实验数据，并对结果进行分析。

预习要求

（1）根据实验的要求，画出逻辑电路图，并注明所用集成电路的引脚号。

（2）拟定记录测量结果的表格。

（3）完成思考题。

思考题

（1）用 74LS83 能否实现 8421 码转换为余 3 码的转换？

（2）用 74LS48 和共阴极 LED 数码管实现一个译码显示电路。

实验 5　数据选择器和译码器

实验目的

（1）熟悉数据选择器和译码器的功能。

（2）用数据选择器实现逻辑函数。

（3）用译码器实现逻辑函数。

设计任务与要求

1）基本设计任务与要求

设计一个表决电路。设 A 为主裁判，B、C、D 为副裁判。只有在主裁判同意的前提下，三名副裁判中多数同意，比赛成绩才被承认，否则，比赛成绩不予承认。

（1）要求用 4 选 1 数据选择器 74LS153 实现。列出真值表，画出逻辑图。

（2）要求用一片 3 线-8 线译码器 74LS138 和与非门 74LS30 实现。画出逻辑图。

2）扩展设计任务与要求

设计一个 4 位奇偶校验电路。要求用 4 选 1 数据选择器 74LS153 实现，列出真值表，画出逻辑图。

实验原理

1）数据选择器

数据选择器的逻辑功能是在地址选择信号的控制下，从多路数据中选择一路数据作为输出信号，数据选择器的原理如图 5-18 所示。

74LS153 是一个双 4 选 1 数据选择器，其功能表如表 5-10 所示。当使能端 $\overline{E} = \overline{E'} = 0$ 时，输出 F 是地址选择输入 $A_1 A_0$ 和数据输入 $D_0 D_1 D_2 D_3$ 的函数，其表达式是

$$F_1 = \overline{A_1}\,\overline{A_0}D_0 + \overline{A_1}A_0 D_1 + A_1 \overline{A_0} D_2 + A_1 A_0 D_3$$

$$F_2 = \overline{A_1}\,\overline{A_0}D'_0 + \overline{A_1}A_0 D'_1 + A_1 \overline{A_0} D'_2 + A_1 A_0 D'_3$$

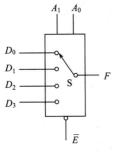

图 5-18　数据选择器的原理示意图

表 5-10　74LS153 的功能表

输入					输出	
地址	选择	使能	数据			
A_1	A_0	$\overline{E}$ $(\overline{E'})$	D_i	(D'_i)	F_1	F_2
$\times$	$\times$	1	$\times$	$(\times)$	0	0
0	0	0	$D_0 \sim D_3$ $(D'_0 \sim D'_3)$		D_0	D'_0
0	1	0	$D_0 \sim D_3$ $(D'_0 \sim D'_3)$		D_1	D'_1
1	0	0	$D_0 \sim D_3$ $(D'_0 \sim D'_3)$		D_2	D'_2
1	1	0	$D_0 \sim D_3$ $(D'_0 \sim D'_3)$		D_3	D'_3

将数据选择器的地址选择输入端 A_1、A_0 作为函数的输入变量，数据输入 $D_0 \sim D_3$ 作为控制信号，控制各最小项在输出逻辑函数中是否出现，使能端 $\overline{E}$ 始终保持低电平，这样，4 选 1 数据选择器就成为一个二变量的函数产生器。

2）译码器

译码器可分为两大类，一类是通用译码器，另一类是显示译码器。74LS138 是一种通用译码器，其逻辑图如图 5-19 所示，其功能表见教材。其中，A_2、A_1、A_0 是输入端；$\overline{F_0}$、$\overline{F_1}$、$\overline{F_2}$、$\overline{F_3}$、$\overline{F_4}$、$\overline{F_5}$、$\overline{F_6}$、$\overline{F_7}$ 是输出端，S_1、$\overline{S_2}$、$\overline{S_3}$ 是使能端，只有当 $S_1 = 1$、$\overline{S_2} = 0$、$\overline{S_3}$

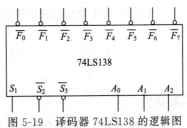

图 5-19　译码器 74LS138 的逻辑图

＝0同时满足时，译码器才能正常译码；否则，译码器不实现译码。

译码器的每一路输出，实际上是各输入变量组成函数的一个最小项的反变量，利用其中部分输出端输出的与非关系，也就是它们相应最小项的或逻辑关系式，能方便地实现逻辑函数。例如，用74LS138译码器实现

$$F = \overline{A}\,\overline{B}\,\overline{C} + \overline{A}B\,\overline{C} + A\overline{B}C + AB\,\overline{C} + ABC$$

只要将变量 A、B、C 分别接到输入端 A_2、A_1、A_0 上，将输出端 $\overline{F_0}$、$\overline{F_2}$、$\overline{F_5}$、$\overline{F_6}$、$\overline{F_7}$ 接到与非门的输入端，则与非门的输出端 F 为 $F = \overline{\overline{F_0} \cdot \overline{F_2} \cdot \overline{F_5} \cdot \overline{F_6} \cdot \overline{F_7}} = F_0 + F_2 + F_5 + F_6 + F_7 = \overline{A}\,\overline{B}\,\overline{C} + \overline{A}B\,\overline{C} + A\overline{B}C + AB\,\overline{C} + ABC$。

此外，这种带使能端的译码器又是一个完整的数据分配器。例如，若从 S_1 使能端输入数据 D，其他使能端 $\overline{S_2} = \overline{S_3} = 0$，则数据的反码通过 A_2、A_1、A_0 所确定的一路输出线输出。如当 $A_2 A_1 A_0 = 100$ 时，则数据的反码从 $\overline{F_4}$ 端输出，即 $\overline{F_4} = \overline{D}$。

实验仪器、设备与器件

（1）电子技术综合实验箱。

（2）数字万用表。

（3）集成电路：74LS153、74LS138、74LS30、74LS151。

实验内容及步骤

（1）按基本设计任务与要求设计的电路，用 Multisim 7 进行仿真，分析仿真结果。

（2）在实验箱上连接电路，检查实验电路接线无误之后接通电源。

（3）测试所设计表决电路的功能。

（4）用 Multisim 7 对扩展设计任务与要求设计的电路进行仿真，分析仿真结果。

（5）在实验箱上安装电路，并验证其逻辑功能。

实验报告要求

（1）根据实验内容要求，写出实验步骤，画出逻辑图。

（2）整理实验记录，并对结果进行分析。

预习要求

（1）了解数据选择器和译码器的功能。

（2）熟悉实验内容。

（3）按基本设计任务与要求设计电路，注明集成电路的外引脚号。

（4）完成思考题。

思考题

（1）用4选1数据选择器实现8选1选择器的功能。

（2）用3线-8线译码器实现4线-16线的译码器。

（3）用4选1数据选择器实现 $F(A, B, C, D) = \sum m(1, 5, 6, 7, 9, 11)$ 函数发生器。

实验6　触发器及其应用

实验目的

（1）熟悉触发器的逻辑功能及特性。

（2）掌握集成 JK 触发器、D 触发器的应用。

（3）熟悉触发器的功能互转换方法。

（4）学习简单时序逻辑电路的分析和检验方法。

设计任务与要求

1）基本任务与要求

（1）用 D 触发器 74LS74 设计一个 4 位二进制加法计数器。

（2）用 JK 触发器 74LS76 设计一个 4 位双向移位寄存器。

2）扩展任务与要求

设计一个流水灯控制电路。要求：共有 8 盏灯，始终有 1 盏灭，7 盏亮，而且那盏灭的灯循环右移。

实验原理

1）触发器

触发器是具有记忆功能的二进制信息存储器件。按逻辑功能分有：RS 触发器、D 触发器、JK 触发器、T 触发器和 T′触发器。按触发形式分有：上升沿触发、下降沿触发、高电平触发、低电平触发等。

74LS74 是上升沿触发的双 D 触发器，其外引脚见附录 C。74LS74 的逻辑功能如表 5-11 所示，D 触发器的特性方程为 $Q^{n+1}=D$。

74LS76 是下降沿触发的双 JK 触发器，其外引脚见附录 C。74LS76 的逻辑功能如表 5-12所示。JK 触发器的特性方程为 $Q^{n+1}=J\,\overline{Q^n}+\overline{K}Q^n$。

表 5-11　74LS74 的逻辑功能表

输入				输出	
$\overline{S_d}$	$\overline{R_d}$	CP	D	Q^{n+1}	$\overline{Q^{n+1}}$
0	1	×	×	1	0
1	0	×	×	0	1
0	0	×	×	1*	1*
1	1	↑	1	1	0
1	1	↑	0	0	1
1	1	0	×	Q^n	$\overline{Q^n}$

＊不稳定状态，当置位和复位回到高电平时，状态将不能保持。

表 5-12　74LS76 的逻辑功能表

输入					输出	
$\overline{S_d}$	$\overline{R_d}$	CP	J	K	Q^{n+1}	$\overline{Q^{n+1}}$
0	1	×	×	×	1	0
1	0	×	×	×	0	1
0	0	×	×	×	1*	1*
1	1	↓	0	0	Q^n	$\overline{Q^n}$

输入					输出	
$\overline{S_d}$	$\overline{R_d}$	CP	J	K	Q^{n+1}	$\overline{Q^{n+1}}$
1	1	↓	1	0	1	0
1	1	↓	0	1	0	1
1	1	↓	1	1	$\overline{Q^n}$	Q^n
1	1	1	×	×	Q^n	$\overline{Q^n}$

*不稳定状态，当置位和复位回到高电平时，状态将不能保持。

2）触发器的功能转换

有时候要用一种类型触发器代替另一种类型触发器，这就需要进行触发器的功能转换。转换方法如表 5-13 所示。

表 5-13 触发器的功能转换

原触发器	转换成				
	T 触发器	T′触发器	D 触发器	JK 触发器	RS 触发器
D 触发器	$D=T\oplus Q^n$	$D=\overline{Q^n}$	—	$D=J\overline{Q^n}+\overline{K}Q^n$	$D=S+\overline{R}Q^n$
JK 触发器	$J=K=T$	$J=K=1$	$J=D,\ K=\overline{D}$	—	$J=S,\ K=R$ 约束条件：$SR=0$
RS 触发器	$R=TQ^n$ $S=T\overline{Q^n}$	$R=Q^n$ $S=\overline{Q^n}$	$R=\overline{D}$ $S=D$	$R=KQ^n$ $S=J\overline{Q^n}$	—

3）触发器的应用

（1）用触发器组成计数器。触发器具有 0 和 1 两种状态，因此用一个触发器就可以表示 1 位二进制数。如果把 n 个触发器串起来，就可以表示 n 位二进制数。对于十进制计数器，它的 10 个数码要求有十个状态，要用 4 位二进制数来构成。图 5-20 是由 D 触发器组成的 4 位异步二进制加法计数器。

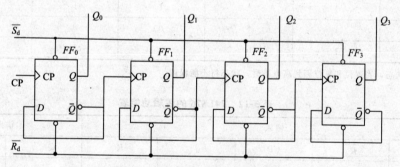

图 5-20 4 位异步二进制加法计数器

（2）用触发器组成移位寄存器。不论哪种触发器都有两个相对独立的状态 1 和 0，而且在触发翻转之后，都能保持原状态，所以可把触发器看作一个能存 1 位二进制数的存储单元，又由于它只是暂时存储信息，故称为寄存器。

以移位寄存器为例，它是一种由触发器链形连接构成同步时序电路，每个触发器的输出连到下一级触发器的控制输入端，在时钟脉冲的作用下，将存储在移位寄存器中的信息逐位地左移或右移。图 5-21 是一种用 JK 触发器构成的右移移位寄存器。

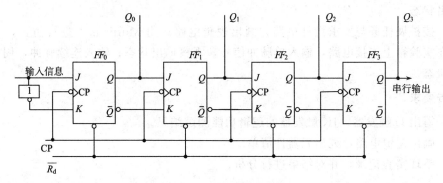

图 5-21　右移移位寄存器

（3）用触发器组成数据比较器。图 5-22 所示电路是用 JK 触发器构成的数据比较器。在 $\overline{R}_d=0$ 时，即执行清零，之后，串行送入 A_n 和 B_n 两数（从高位开始），输出端即可表明两数的大小。

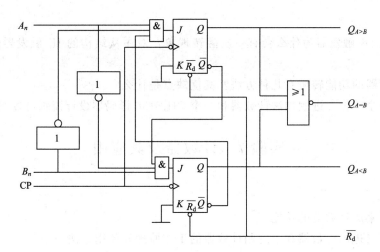

图 5-22　二进制数据比较器

实验仪器、设备与器件

（1）电子技术综合实验箱。

（2）数字万用表。

（3）数字存储示波器。

（4）集成电路：74LS74、74LS76、74LS02、74LS04、74LS20、74LS21。

实验内容及步骤

（1）集成触发器功能测试。

① 触发器的置位、复位功能测试。用 LED 显示输出状态。观察并记录测试结果。

② 触发器的逻辑功能测试。用 LED 显示输出状态。观察并记录测试结果。

（2）按基本任务与要求设计电路，画出逻辑电路。用 Multisim 7 进行仿真，分析仿真结果。

（3）在实验箱上连接电路，输入单脉冲信号，观察输出状态；输入连续脉冲，用示波器观察输出状态。

（4）按扩展任务与要求设计电路，画出逻辑电路。用 Multisim 7 进行仿真，分析仿真结果。在实验箱上连接电路，输入单脉冲信号，观察输出状态；输入连续脉冲，用示波器观察输出状态。

实验报告要求

（1）写出 D 触发器、JK 触发器的逻辑功能测试结果。

（2）画出逻辑电路，列出元器件清单。

（3）整理实验记录，并对结果进行分析。

预习要求

（1）复习触发器的基本类型及其逻辑功能。

（2）按实验内容的要求设计并画出逻辑电路。

（3）分析简单时序逻辑电路。

（4）完成思考题。

思考题

（1）主从 JK 触发器为什么会有一次翻转现象？对主从结构的 JK 触发器使用时应注意什么问题？

（2）触发器的功能转换有几种方法？其优缺点是什么？

（3）用一个 4 位二进制加法计数器和一个 74LS138 译码器设计流水灯控制电路。

实验 7　计数器及其应用

实验目的

（1）熟悉集成计数器的功能。

（2）掌握二进制计数器和十进制计数器的工作原理和使用方法。

（3）掌握任意进制计数器的设计方法。

设计任务与要求

1）基本设计任务与要求

（1）设计一个八进制加法计数器。要求用置数法。

（2）设计一个十二进制加法计数器。要求用复位法。

2）扩展设计任务与要求

设计一个产生 00110011 脉冲序列的信号发生器。

实验原理

1）计数器

计数是一种最简单基本运算，计数器在数字系统中主要是对脉冲的个数进行计数，以实现测量、计数和控制的功能，同时兼有分频功能。

2）计数器分类

计数器按计数进制分有：二进制计数器、十进制计数器；按计数单元中触发器所接收计数脉冲和翻转顺序分有：异步计数器、同步计数器；按数的增减分有：加法计数器、减法计数器、可逆计数器等。

3）集成计数器

集成计数器的种类很多，74LS161 是其中的一种，它是 4 位二进制同步加法计数器。74LS161 的功能如表 5-14 所示。其功能有异步清除，同步预置，计数，锁存。异步清除：当 $\overline{C_r}=0$ 时，无论有无 CP，计数器立即清零，$Q_3 \sim Q_0$ 均为 0；同步预置：当 $\overline{LD}=0$ 时，在时钟脉冲上升沿的作用下，$Q_3=D_3$，$Q_2=D_2$，$Q_1=D_1$，$Q_0=D_0$；计数：当 $P=T=1$ 时，计数器计数；锁存：当 $P=0$，或 $T=0$ 时，计数器禁止计数，保持原来的状态，即锁存。

表 5-14　74LS161 的功能表

输入						输出	说明
CP	$\overline{C_r}$	$\overline{LD}$	P	T	D_i	Q_i	
$\times$	0	$\times$	$\times$	$\times$	$\times$	0	清零
$\uparrow$	1	0	$\times$	$\times$	0	0	预置数据
$\uparrow$	1	0	$\times$	$\times$	1	1	预置数据
$\times$	1	1	$\times$	0	$\times$	Q_i	保持
$\times$	1	1	0	$\times$	$\times$	Q_i	保持
$\uparrow$	1	1	1	1	$\times$	计数	

4）74LS161 实现任意进制的计数器

利用输出信号对输入端的不同反馈，可以实现任意进制的计数器。实现的方法有置数法和复位法。

（1）置数法。利用芯片的预置功能，可以实现"16 减 N"进制计数器，其中 N 为预置数。例如，要得到十进制计数器，即 16 减 $N=10$。可将 $N=6$，即预置数 $D_3D_2D_1D_0=0110$，计数从 $Q_3Q_2Q_1Q_0=0110$ 开始，在 CP 脉冲的作用下一直计数到 $Q_3Q_2Q_1Q_0=1111$，此时，从进位端输出 $Q_{CC}=1$，经非门送 $\overline{LD}$ 端，$\overline{LD}=0$，呈置数状态，其接线图如图 5-23 所示。另外，还可以将输入端全部接地，即 $D_3D_2D_1D_0=0000$，输出端 Q_3 和 Q_0 经与非门送 $\overline{LD}$ 端。当计数器计到 $Q_3Q_2Q_1Q_0=1001$（十进制的 9）时，$\overline{LD}=0$，呈置数状态，当下一个时钟到来时，计数器的输出端等于输入端，其接线图如图 5-24 所示。

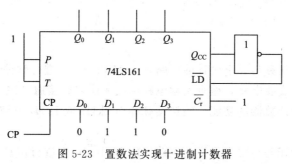

图 5-23　置数法实现十进制计数器

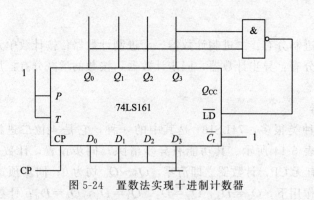

图 5-24　置数法实现十进制计数器

（2）复位法。利用芯片的清零端（复位端）实现 N 进制计数器。当计数器计到 N 时，使复位端 $\overline{C_r}$ 为 0，计数器的输出端为零，即 $Q_3Q_2Q_1Q_0=0000$。用复位法实现十进制计数器，当计数器计到 $Q_3Q_2Q_1Q_0=1010$ 时，Q_3、Q_1 经与非门送复位端 $\overline{C_r}$ 端，使 $\overline{C_r}=0$，从而计数器从执行计数变为复位状态，其接线图如图 5-25 所示。

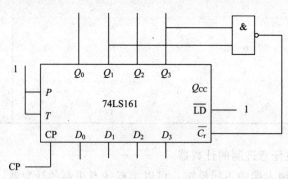

图 5-25　复位法实现十进制计数器

上述介绍的是一片计数器工作的情况，在实际应用中，往往需要多片计数器构成多位计数状态。这里介绍计数器的级联方法。级联可分为串行进位和并行进位两种，如图 5-26 所示。串行进位的缺点是速度较慢；并行进位的速度较快。

实验仪器、设备与器件

（1）电子技术综合实验箱。

（2）数字万用表。

（3）数字存储示波器。

（4）74LS161、74 LS08、74 LS00。

实验内容与步骤

（1）按基本设计任务与要求设计的电路，用 Multisim 7 进行软件仿真，分析仿真结果。

（2）在实验仪上安装电路，检查实验电路接线无误之后接通电源。

（3）测试所设计计数器的功能。用连续脉冲 100kHz 或 1kHz 方波信号作 CP，用示波器观察输出波形。

（4）按扩展设计任务与要求设计的电路，用 Multisim 7 进行仿真，分析仿真结果。

（5）在实验仪上安装电路，检查实验电路接线无误之后接通电源。用点脉冲作 CP，观

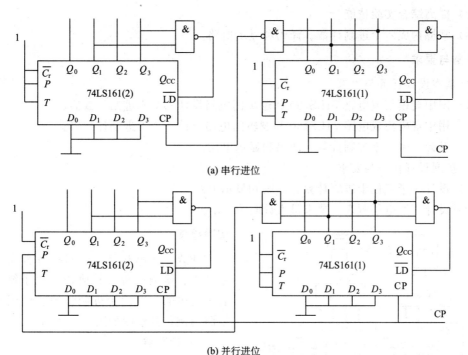

(a) 串行进位

(b) 并行进位

图 5-26　串行进位和并行进位

察输出状态。

实验报告要求

（1）写出实验内容与步骤，画出逻辑图。

（2）记录测得的数据和波形，整理实验记录。

（3）分析实验中出现的故障原因，并总结排除故障的收获。

预习要求

（1）复习计数器的有关内容。

（2）熟悉 74LS161 的功能。

（3）根据实验要求画出电路图。

（4）完成思考题。

思考题

（1）计数器对计数脉冲的频率有何要求？怎样估算计数脉冲的最高频率？

（2）用示波器观察 CP、$Q_3 \sim Q_0$ 波形时，要想正确观察波形的时序关系，应选择什么触发方式？如果选用外触发方式，则应选哪个电压作为外触发电压？

（3）74LS161 能否作寄存器？如何应用？

实验 8　计数、译码和显示电路

实验目的

（1）进一步学习译码器和 LED 数码管的使用方法。

（2）提高综合实验技能。

（3）掌握构成六十进制计数、译码和显示电路。

设计任务与要求

1）基本设计任务与要求

（1）用中规模集成电路 74LS160 和逻辑门电路设计一个六进制计数器。

（2）用中规模集成电路 74LS160 和逻辑门电路设计一个十进制计数器。

（3）设计一个六十进制计数、译码和显示电路。

2）扩展设计任务与要求

（1）设计一个三位十进制计数、译码和显示电路。

（2）设计一个电子秒表。要求最大计时为 59.99s。

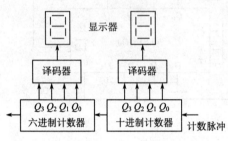

图 5-27 六十进制计数、译码和显示框图

2）显示译码器

实验原理

计数、译码和显示电路在各种类型的数字仪表、检测设备及其他数字化系统中都是必不可少的，以六十进制计数、译码和显示电路为例，其框图如图 5-27 所示。

1）计数器

六十进制计数器可以选用已有的典型电路（略）。

显示译码器 74LS48 的功能如表 5-15 所示，输入端为 BCD 码，输出端分别与 LED 数码管的输入端相接，BCD 码经译码器译码后，在 LED 数码管上显示对应的十进制数码。

表 5-15　74LS48 的功能表

输入							输出							显示数字符号
$\overline{LT}$	$\overline{RBI}$	A_3	A_2	A_1	A_0	$\overline{BI}/\overline{RBO}$	a	b	c	d	e	f	g	
1	1	0	0	0	0	1	1	1	1	1	1	1	0	0
1	×	0	0	0	1	1	0	1	1	0	0	0	0	1
1	×	0	0	1	0	1	1	1	0	1	1	0	1	2
1	×	0	0	1	1	1	1	1	1	1	0	0	1	3
1	×	0	1	0	0	1	0	1	1	0	0	1	1	4
1	×	0	1	0	1	1	1	0	1	1	0	1	1	5
1	×	0	1	1	0	1	1	0	1	1	1	1	1	6
1	×	0	1	1	1	1	1	1	1	0	0	0	0	7
1	×	1	0	0	0	1	1	1	1	1	1	1	1	8
1	×	1	0	0	1	1	1	1	1	0	0	1	1	9
×	×	×	×	×	×	0	0	0	0	0	0	0	0	熄灭
1	0	0	0	0	0	0	0	0	0	0	0	0	0	灭 0
0	×	×	×	×	×	1	1	1	1	1	1	1	1	测试

74LS48 的特点如下：

（1）消隐（灭灯）输入端 $\overline{BI}$ 为低电平有效。当 $\overline{BI}=0$ 时，不论其余输入端状态如何，所有输出为零，LED 数码管七段全灭，无任何显示。译码时 $\overline{BI}=1$。

（2）灯测试（试灯）输入端 $\overline{LT}$ 为低电平有效。当 $\overline{LT}=0$（$\overline{BI/RBO}=1$）时，不论其余输入端状态如何，所有输出为 1，LED 数码管七段全亮，显示 8。这可用来检查 LED 数码管、译码器有无故障，译码时 $\overline{LT}=1$。

（3）脉冲消隐（动态灭灯）输入端 $\overline{RBI}$ 为低电平有效。当 $\overline{RBI}=1$ 时，对译码器无影响；当 $\overline{BI}=\overline{LT}=1$ 时，若 $\overline{RBI}=0$，输入 BCD 数码是 0000 时，LED 数码管七段全灭，不显示；输入 BCD 码不为零时，则正常显示。在实际使用中有些零是可以不显示的，如 004.50 中的百位的零可不显示；若百位的零可不显示，则十位的零也可不显示；小数点后第二位的零，不考虑有效位时也可不显示。脉冲消隐输入端 $\overline{RBI}=0$ 时，可使不显示的零消隐。

3）LED 数码管

采用共阴极 LED 数码管。

实验仪器、设备与器件

（1）电子技术综合实验箱。

（2）数字万用表。

（3）集成电路：74LS48、74LS160、74LS00、CD4011；共阴极数码管。

（4）电阻：450Ω、750Ω。

实验内容与步骤

（1）按基本设计任务与要求设计的电路，用 Multisim 7 进行仿真，分析仿真结果。

（2）在实验箱上安装器件，连接电路，检查实验电路接线无误之后接通电源。

（3）测试所设计六进制计数器和十进制计数器的功能。

（4）测试六十进制计数、译码和显示逻辑电路。加单脉冲检查六十进制计数、译码和显示逻辑电路的功能。

实验报告与要求

（1）画出六十进制计数、译码和显示的逻辑电路图。

（2）记录实验中测得的数据和波形。

（3）分析实验中出现的故障原因，并总结排除故障的收获。

预习要求

（1）复习计数、译码和显示电路的工作原理。

（2）预习 74LS48 译码器和共阴极七段显示器的工作原理及使用方法。

（3）绘出十进制计数、译码和显示电路中各集成芯片之间的连接图。

（4）完成思考题。

思考题

如何利用计数、译码和显示电路来测量机械开关产生的抖动次数？

实验 9　计数器、数值比较器和译码器

实验目的

（1）了解数值比较器的功能。

（2）进一步熟悉译码器、计数器的应用。

（3）掌握产生脉冲序列的一般方法。

实验原理

1）计数器

4 位二进制计数器 74LS161，可以构成任意进制的计数器。

2）数值比较器

4 位二进制数值比较器 74LS85 功能如表 5-16 所示。二进制数值比较器的工作原理为：设 A、B 为两个四位二进制数，即 $A = A_3 A_2 A_1 A_0$，$B = B_3 B_2 B_1 B_0$，比较这两个二进制数的大小要从最高位开始至最低位。

表 5-16 74LS85 的功能表

比较输入				级联输入			输出		
A_3 B_3	A_2 B_2	A_1 B_1	A_0 B_0	$a>b$	$a=b$	$a<b$	$A>B$	$A=B$	$A<B$
$A_3>B_3$	$\times$ $\times$	$\times$ $\times$	$\times$ $\times$	$\times$	$\times$	$\times$	1	0	0
$A_3<B_3$	$\times$ $\times$	$\times$ $\times$	$\times$ $\times$	$\times$	$\times$	$\times$	0	0	1
$A_3=B_3$	$A_2>B_2$	$\times$ $\times$	$\times$ $\times$	$\times$	$\times$	$\times$	1	0	0
$A_3=B_3$	$A_2<B_2$	$\times$ $\times$	$\times$ $\times$	$\times$	$\times$	$\times$	0	0	1
$A_3=B_3$	$A_2=B_2$	$A_1>B_1$	$\times$ $\times$	$\times$	$\times$	$\times$	1	0	0
$A_3=B_3$	$A_2=B_2$	$A_1<B_1$	$\times$ $\times$	$\times$	$\times$	$\times$	0	0	1
$A_3=B_3$	$A_2=B_2$	$A_1=B_1$	$A_0>B_0$	$\times$	$\times$	$\times$	1	0	0
$A_3=B_3$	$A_2=B_2$	$A_1=B_1$	$A_0<B_0$	$\times$	$\times$	$\times$	0	0	1
$A_3=B_3$	$A_2=B_2$	$A_1=B_1$	$A_0=B_0$	1	0	0	1	0	0
$A_3=B_3$	$A_2=B_2$	$A_1=B_1$	$A_0=B_0$	0	1	0	0	1	0
$A_3=B_3$	$A_2=B_2$	$A_1=B_1$	$A_0=B_0$	0	0	1	0	0	1

比较器 74LS85 除了两个 4 位二进制数的输入端外，还有级联输入端（$a<b$、$a>b$、$a=b$），可以用多片同时使用，扩展成更多位的数值比较器，其中高位芯片的级联输入端（$a<b$，$a>b$，$a=b$），分别与低位芯片的输出端（$A<B$、$A>B$、$A=B$）连接。最低位芯片的级联输入端与单片使用时相同，即 $a=b$ 端接高电平，而 $a<b$、$a>b$ 端接低电平。

3）脉冲序列发生器

脉冲序列发生器能够产生一组在时间上有先后的脉冲序列，利用这组脉冲可以使控制形成所需的各种控制信号。

通常脉冲序列发生器由译码器和计数器构成。

（1）用 74LS161 和 74LS138 及逻辑门产生脉冲序列。将 74LS161 接成十二进制计数器，然后接入译码器 74LS138。电路如图 5-28 所示。

（2）用 74LS161 和 74LS85 及逻辑门产生脉冲序列。将 74LS161 构成十二进制计数器，然后接入数值比较器 74LS85，电路如图 5-29 所示。

实验仪器、设备与器件

（1）电子技术综合实验箱。

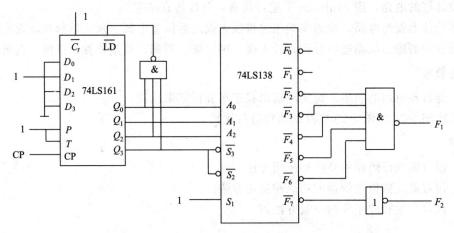

图 5-28　用 74LS161 和 74LS138 及逻辑门构成的脉冲序列发生器

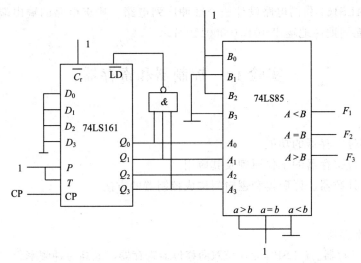

图 5-29　用 74LS161 和 74LS85 及逻辑门构成的脉冲序列发生器

（2）数字万用表。

（3）数字存储示波器。

（4）集成电路：74LS85、74LS161、74LS138、74LS30、74LS10。

实验内容与步骤

1）基本内容

（1）按图 5-28、图 5-29 所示电路，用 Multisim 7 进行仿真，分析仿真结果。

（2）在实验箱上安装好电路，检查实验电路接线无误之后接通电源。

（3）加入时钟脉冲，观察输出状态，绘出输出波形。将观察到的输出状态进行分析，若正确，则进入下一步；否则，重新检查，再做实验内容（1）、（2）。

2）扩展内容

用 74LS138 和 74LS151 及逻辑门实现一个比较电路。要求比较两个 4 位二进制数，当两个 4 位二进制数相等时输出为 1，否则为 0。

将设计好的电路，用 Multisim 7 进行仿真，分析仿真结果。

在实验仪上安装电路，检查实验电路接线无误之后接通电源。加入单脉冲，观察输出状态，将观察到的输出状态进行分析，若正确，则结束；否则，重新检查，再做，直至正确。

实验报告要求

（1）分析各电路的功能，将实测输出状态与分析结果比较。

（2）将图 5-28 与图 5-29 电路的功能进行比较。

预习要求

（1）预习集成译码器的功能和使用方法。

（2）预习集成数值比较器的功能和使用方法。

（3）预习产生脉冲序列的一般方法。

思考题

（1）产生脉冲序列的一般方法有哪些？

（2）试用 74LS161 和门电路设计一个脉冲序列电路。要求电路的输出端 F 在时钟脉冲 CP 的作用下，能周期性地输出 1010100011001。

实验 10　控制器和寄存器

实验目的

（1）熟悉移位寄存器的功能。

（2）掌握移位寄存器的工作原理及其应用。

（3）掌握用计数器、译码器和逻辑门构成控制器的方法。

实验原理

1）移位器寄存器

（1）移位器寄存器。74LS194 是 4 位双向移位器寄存器，最高时钟频率为 36MHz。74LS194 具有并行输入/串行输入、并行输出、左移和右移等功能，其功能如表 5-17 所示。

表 5-17　74LS194 的功能

输入										输出				功能
$\overline{C_r}$	S_1	S_0	CP	SL	SR	A	B	C	D	Q_A	Q_B	Q_C	Q_D	
0	×	×	×	×	×	×	×	×	×	0	0	0	0	清零
1	×	×	0	×	×	×	×	×	×	Q_{An}	Q_{Bn}	Q_{Cn}	Q_{Dn}	保持
1	1	1	↑	×	×	a	b	c	d	a	b	c	d	送数
1	0	1	↑	×	1	×	×	×	×	1	Q_{An}	Q_{Bn}	Q_{Cn}	右移
1	0	1	↑	×	0	×	×	×	×	0	Q_{An}	Q_{Bn}	Q_{Cn}	右移
1	1	0	↑	1	×	×	×	×	×	Q_{Bn}	Q_{Cn}	Q_{Dn}	1	左移
1	1	0	↑	0	×	×	×	×	×	Q_{Bn}	Q_{Cn}	Q_{Dn}	0	左移
1	0	0	×	×	×	×	×	×	×	Q_{An}	Q_{Bn}	Q_{Cn}	Q_{Dn}	保持

（2）并行-串行数据转换电路。用 74LS194 组成的 8 位并行-串行数据转换电路如图 5-30 所示，并行输入数据为 $0N_1N_2N_3N_4N_5N_6N_7$，当启动命令 ST=0 时，$S_1S_0=11$，

输入数据送入寄存器，即 1 号芯片的输出 $Q_AQ_BQ_CQ_D=0N_1N_2N_3$；2 号芯片的输出 Q_AQ_B $Q_CQ_D=N_4N_5N_6N_7$，故与非门 G_2 的输出为 1。当启动命令 ST 由 0 变 1 之后，$S_1S_0=01$，移位器寄存器中的数据右移，串行输出端输出数据。同时，由于 1 号芯片的右移输入端 SR $=1$，在 7 个 CP 脉冲之后，除 2 号芯片的 Q_D 外，两个芯片的输出均为 1，使与非门 G_2 的输出为 0。这时 $S_1S_0=11$，为下一次送入数据做好准备。

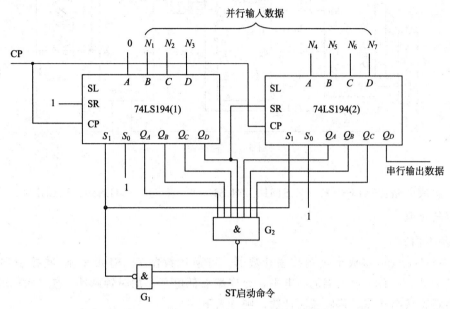

图 5-30　8 位并行-串行数据转换电路

2）可逆计数器

可逆计数器 74LS190 是同步十进制可逆计数器，它是靠加/减控制端来实现加法计数和减法计数的。其工作波形图参见教材。

74LS190 有以下功能：

（1）预置数。只要在置入端加入负脉冲，就可以使 $Q_3Q_2Q_1Q_0=D_3D_2D_1D_0$。

（2）加法计数和减法计数。当加/减控制端为低电平时，做加法计数；当加/减控制端为高电平时，做减法计数。

（3）保持。当允许端为低电平时，做加/减计数；允许端为高电平时，芯片处在保持状态。

3）控制器

由计数器 74LS161、译码器 74LS138 及逻辑门构成的控制器如图 5-31 所示。74LS161 接成六进制计数器和十进制计数器构成六十进制计数器，通过译码器 74LS138 及与非门得到控制信号，控制寄存器 74LS194 的工作状态，控制输出端的发光二极管亮、灭，从而实现光点的移动。

实验仪器、设备与器件

（1）电子技术综合实验箱。

（2）数字存储示波器。

（3）智能函数信号发生器。

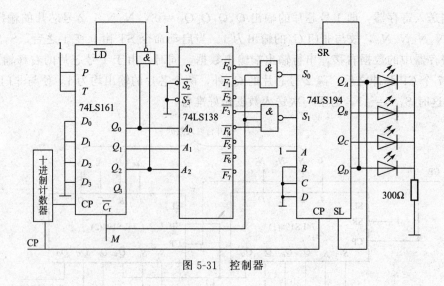

图 5-31　控制器

（4）集成电路：74LS190、74LS161、74LS138、74LS00、74LS10、74LS194。

实验内容与步骤

1）基本内容

（1）将 74LS190 接成十进制减法计数器。可逆计数器 74LS190 的加/减控制端接高电平，使其为减法计数。置入端加高电平，允许端加低电平，加时钟脉冲，使 74LS190 工作。用示波器观察输出状态，若做减法计数，则进入下一步。

（2）将 74LS161 接成六进制加法计数器。检查是否构成了六进制加法计数，观察输出状态，若做六进制加法计数，则进入下一步。

（3）用 74LS190、74LS161、74LS138 及与非门构成控制器。控制器产生的输出信号 S_1、S_0，观察 S_1、S_0 的状态是否符合要求，若符合要求，则进入下一步。

（4）用 74LS194 模拟电动机运转。74LS194 的输出端接发光二极管如图 5-31 所示。要求能控制光点右移、左移、停止。观察光点移动规律。光点右移表示电动机正转，光点左移表示电动机反转，光点不移表示电动机停止。其规律为：正转 20s—停 10s—反转 20s，循环下去。是否模拟电动机运转，若达到要求，则结束；否则，查找原因，进一步调试，直到达到要求为止。

2）扩展内容

（1）用 74LS190 构成 4 位十进制计数器，实现 0000～9999 计数。

（2）用 74LS194 组成脉冲分配器。

实验报告与要求

（1）分析图 5-31 所示电路的工作原理，将分析结果填入表 5-18 中。

表 5-18　数据表

CP	M	Q_2	Q_1	Q_0	S_1	S_0	Q_A	Q_B	Q_C	Q_D
↑	0									
↑	1									

CP	M	Q_2	Q_1	Q_0	S_1	S_0	Q_A	Q_B	Q_C	Q_D
↑	1									
↑	1									
↑	1									
↑	1									
↑	1									

（2）写出实验内容与步骤，画出逻辑图。

（3）记录测得的数据和波形，整理实验记录。

（4）分析实验中出现的故障原因，并总结排除故障的收获。

预习要求

（1）了解移位器寄存器 74LS194、可逆计数器 74LS190 的逻辑功能。

（2）自拟实验步骤和电路。

思考题

移位器寄存器有哪些应用？

实验 11　多谐振荡器及单稳态触发器

实验目的

（1）了解 555 定时器的结构和工作原理。

（2）掌握用 555 定时器组成多谐振荡器的方法。

（3）掌握用 555 定时器组成单稳态触发器的方法。

（4）学会用示波器测脉冲幅度、周期和脉宽的方法。

实验原理

1）555 定时器

555 定时器是模拟功能和数字功能相结合在同一硅片上的混合集成电路。555 定时器有双极型和单极型两种。555 表示双极型结构；7555 表示单极型结构。不论哪种结构，它们的管脚排列完全相同。双极型 555 定时器的电源电压范围为 4.5～16V；单极型 555 定时器的电源电压范围为 3～18V。其功能如表 5-19 所示。

表 5-19　555 定时器的功能表

TH 高触发	TL 低触发	$\bar{R}$ 复位	D 放电	OUT 输出
×	×	0	导通	0
$>\frac{2}{3}V_{CC}$	×	1	导通	0
$<\frac{2}{3}V_{CC}$	$>\frac{1}{3}V_{CC}$	1	不变	不变
$<\frac{2}{3}V_{CC}$	$<\frac{1}{3}V_{CC}$	1	截止	1

2）555 定时器的应用

（1）多谐振荡器。

用 555 定时器组成多谐振荡器如图 5-32（a）所示。利用电源通过电阻 R_1、R_2 向电容 C 充电，以及电容 C 通过电阻 R_2 向 555 定时器的放电端放电，使电路产生振荡，其波形如图 5-32（b）所示。振荡周期 $T \approx 0.7(R_1+2R_2)C$，振荡频率 $f=1/T$，占空比 $q=(R_1+R_2)/(R_1+2R_2)$。

要求电阻 R_1、R_2 均应大于或等于 $1\text{k}\Omega$，而 R_1 与 R_2 的和应小于或等于 $3.3\text{M}\Omega$。

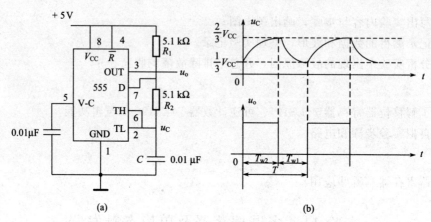

图 5-32　555 定时器组成的多谐振荡器

（2）单稳态触发器。

用 555 定时器组成单稳态触发器如图 5-33（a）所示。稳态时 555 定时器输入端为高电平，输出为低电平；当有一个负脉冲输入时，且负脉冲的值小于 $1/3V_{CC}$，电路进入暂态，输出高电平。此时，电源通过 R 给 C 充电，当 C 上的电压达到 $2/3V_{CC}$ 时，输出又变为低电平。其波形如图 5-33（b）所示。输出脉冲宽度 $T_w=1.1RC$。

R_T、C_T 为输入微分电路，其作用是当 u_i 负脉冲宽度大于输出正脉冲的宽度时，则需将 u_i 通过微分电路使脉冲宽度变窄，从而满足要求。

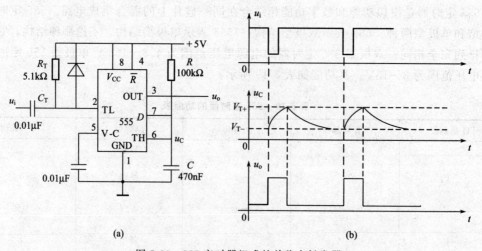

图 5-33　555 定时器组成的单稳态触发器

实验仪器、设备与器件

（1）电子技术综合实验箱。

（2）数字存储示波器。

（3）集成电路：555 定时器、74LS04。

（4）电位器：5.1kΩ、20kΩ、100kΩ。

（5）电容：$0.01\mu F$、$0.1\mu F$、$1\mu F$、470nF。

（6）电阻：10kΩ、1kΩ、5.1kΩ、100kΩ。

实验内容与步骤

1）基本内容

（1）用 555 定时器设计一个振荡频率为 50Hz，占空比为 2/3 的多谐振荡器。

画出所设计的电路，并用 Multisim 7 进行仿真，分析仿真结果。（已知两个电容的值分别是 $0.01\mu F$ 和 $1\mu F$；确定电阻 R_1、R_2）

用示波器测出输出波形，验证周期，标出幅度。改变电阻值，其他参数不变，重测上述值。

（2）用 555 定时器设计一个单稳态触发器。

输入 u_i 是频率为 500Hz 左右的方波，输出脉冲的宽度为 0.5ms 的脉冲信号。改变 R、C，其他参数不变，重测输出脉冲的宽度。

2）扩展内容

用 555 定时器设计一个脉冲电路。要求电路振荡 20s—停 10s，如此循环下去。该电路输出脉冲的振荡周期为 1s，占空比为 1/2，电容均为 $10\mu F$。

画出所设计的电路，并用 Multisim 7 进行仿真，分析仿真结果。

实验报告与要求

（1）整理实验数据，画出实验中测得的波形图。

（2）对实验结果进行讨论。

（3）总结 555 定时器的基本应用及使用方法。

预习要求

（1）了解多谐振荡器、单稳态触发器的构成。

（2）熟悉 555 定时器的引脚及其功能。

（3）熟悉 555 定时器的应用。

思考题

（1）555 定时器构成的多谐振荡器，其振荡周期和占空比的改变与哪些因素有关？若只需改变周期，而不改变占空比，应调整哪个元件参数？

（2）555 定时器构成的单稳态触发器输出脉宽和周期由什么决定？

（3）能否用 555 定时器构成占空比小于 1/3 的多谐振荡器？

（4）能否用 555 定时器构成占空比和振荡频率均可调的多谐振荡器？

实验 12　随机存储器

实验目的

（1）掌握随机存储器的工作原理与使用方法。

（2）了解随机存储器如何存储数据和读取数据。

（3）加深总线概念的理解。

实验原理

1）随机存储器

随机存储器 RAM2114 是一种静态随机存储器，其容量为 4kb。$A_0 \sim A_9$ 是存储器的地址线，$I/O_1 \sim I/O_4$ 是存储器的数据线。$\overline{CS}$ 为存储器的片选控制端，当 $\overline{CS}$ 为低电平时，存储器被选中，可以进行读写操作；反之，$\overline{CS}$ 为高电平，存储器未被选中。$\overline{WE}$ 为存储器的读写控制端，当 $\overline{CS}=0$，$\overline{WE}=1$ 时，存储器进行读操作；当 $\overline{CS}=0$，$\overline{WE}=0$ 时，存储器进行写操作。

RAM2114 的外引脚如图 5-34 所示，各引脚功能如表 5-20 所示。

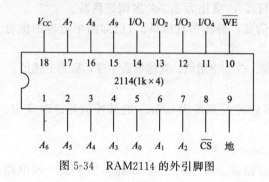

图 5-34　RAM2114 的外引脚图

表 5-20　RAM2114 引脚功能表

引脚名	功能
$A_0 \sim A_9$	地址输入端
$\overline{WE}$	读写选通
$\overline{CS}$	片选择
$I/O_4 \sim I/O_1$	数据输入/输出
V_{CC}	+5V

RAM 的位扩展：如果一片 RAM 的字数满足要求，而位数不够时，应采用位扩展。只要将多片 RAM 并接起来，便可实现位扩展，遵循的原则如下：

（1）RAM 的 I/O 端并行连接，作为 RAM 的 I/O 端。

（2）RAM 的 $\overline{CS}$ 端接在一起，作为 RAM 的片选端 $\overline{CS}$。

（3）RAM 的地址端对应接在一起，作为 RAM 的地址输入端。

（4）RAM 的 $\overline{WE}$ 端接在一起，作为 RAM 的读写控制端 $\overline{WE}$。

RAM 的字扩展：如果一片 RAM 的位数满足要求，而字数不够时，应采用字扩展。字数增加了，地址线数就得相应增加，遵循的原则如下：

（1）RAM 的 I/O 端对应接在一起，作为 RAM 的 I/O 端。

（2）RAM 构成字扩展后，每次访问只能选中其中的一片，选中的哪一片，由字扩展后多出的地址线来决定。

（3）RAM 的地址端对应接在一起，作为 RAM 的低位地址输入端。

（4）RAM 的 $\overline{WE}$ 端接在一起，作为 RAM 的读写控制端 $\overline{WE}$。

2）随机存储器的应用

随机存储器 RAM2114 的应用电路如图 5-35 所示。其中 $SW_7 \sim SW_0$ 为逻辑开关量，以产生地址和数据；74LS273 为 8D 触发器，常作为 8 位地址寄存器，为存储器提供地址 $A_7 \sim A_0$；74LS244 为 8 路三态缓冲器。$\overline{CS}$、$\overline{WE}$、LDAR、$\overline{SW \rightarrow BUS}$ 为电位控制信号，可以接逻辑开关模拟控制信号的电平。T 为时序信号，即脉冲信号。

当 $\overline{SW \rightarrow BUS}$ 为低电平时，$SW_7 \sim SW_0$ 产生的地址信号送入总线上（地址寄存器的输入端）；当 LDAR 为高电平，$\overline{CS}$ 为低电平，$\overline{WE}$ 为高电平，T 信号上升沿到来时，$SW_7 \sim SW_0$

产生的地址信号打入地址寄存器；存储器的数据也由 $SW_7 \sim SW_0$ 产生，当$\overline{CS}$为低电平，WE 为高电平，在下一个 T 信号上升沿到来时，数据写入存储器。

当$\overline{SW \to BUS}$为高电平时，$\overline{CS}$为低电平，WE 为低电平，从存储器读出数据。

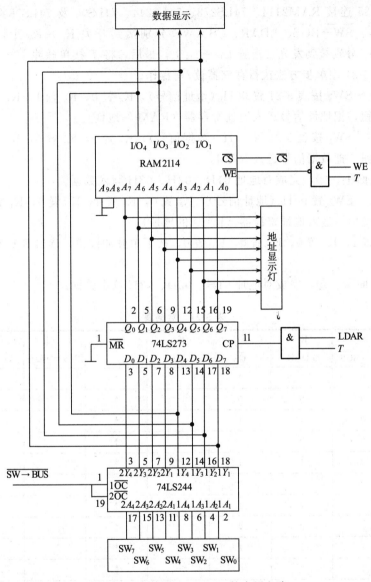

图 5-35 存储器 RAM2114 的应用电路

实验仪器、设备与器件

（1）电子技术综合实验箱。

（2）数字存储示波器。

（3）数字万用表。

（4）逻辑电平测试笔。

（5）集成电路：RAM2114、74LS273、74LS244、74LS00、74LS08。

（6）发光二极管。

实验内容与步骤

1）基本内容

（1）按图 5-35 连接电路。

先按图 5-35 连接 RAM2114、74LS273、74LS244、74LS00 及 74LS08 等芯片，之后，将 $SW_7 \sim SW_0$、$\overline{SW \to BUS}$、LDAR、$\overline{CS}$、WE 分别接到开关 $K_0 \sim K_{11}$ 上，再将 $BUS_7 \sim BUS_0$、$A_7 \sim A_0$ 分别接到发光二极管 $L_0 \sim L_{15}$ 上，最后，将 T 接单脉冲。

（2）按表 5-21 用单步方法执行存储器读/写操作。

① 将 $SW_7 \sim SW_0$ 按表 5-21 置 00H（地址信号），K_8 置 0，K_9 置 1，K_{10} 置 0，K_{11} 置 1，按下单脉冲按钮，把地址信号送入地址寄存器（RAM 的地址）。

② 将 $SW_7 \sim SW_0$ 按表 5-21 置 00H（数据信号），K_8 置 0，K_9 置 0，K_{10} 置 0，K_{11} 置 1，按下单脉冲按钮，把数据信号送入 RAM。

③ 重复上面①、②，完成对地址 01H、02H、03H 写入数据。

④ 将 $SW_7 \sim SW_0$ 置 00H（地址信号），K_8 置 0，K_9 置 1，K_{10} 置 0，K_{11} 置 1，按下单脉冲按钮，把地址信号送入地址寄存器（RAM 的地址）。

⑤ 将 K_8 置 1，K_9 置 0，K_{10} 置 0，K_{11} 置 0，按下单脉冲按钮，读出 RAM 中地址为 00H 的数据。

⑥ 重复上面④、⑤，完成对地址 01H、02H、03H 读出数据。

表 5-21　数据表

$K_0 \sim K_7$ $SW_7 \sim SW_0$	K_8 $\overline{SW \to BUS}$	K_9 LDAR	K_{10} $\overline{CS}$	K_{11} WE	T	$L_0 \sim L_7$ $BUS_7 \sim BUS_0$	$L_8 \sim L_{15}$ $A_7 \sim A_0$	备注
00H	0	1	1	1	↑			
00H	0	0	0	1	↑			
01H	0	1	1	1	↑			
55H	0	0	0	1	↑			
02H	0	1	1	1	↑			
AAH	0	0	0	1	↑			
03H	0	1	1	1	↑			
FFH	0	0	0	1	↑			
00H	0	1	1	1	↑			
XXH	1	0	0	0	↑			
01H	0	1	1	1	↑			
XXH	1	0	0	0	↑			
02H	0	1	1	1	↑			
XX	1	0	0	0	↑			
03H	0	1	1	1	↑			
XX	1	0	0	0	↑			

注：表中列出 $BUS_7 \sim BUS_0$ 总线显示及 $A_7 \sim A_0$ 地址显示，当写入 RAM 地址时，由 $SW_7 \sim SW_0$ 开关产生的地址送至 $BUS_7 \sim BUS_0$，总线显示开关量，而 $A_7 \sim A_0$ 则显示上一次地址，在下单脉冲作用后，$A_7 \sim A_0$ 显示才同 $BUS_7 \sim BUS_0$。

2）扩展内容

将存储器的地址改为 52H，进行存储器写操作和读操作。

实验报告与要求

（1）指出 74LS273、74LS244 和 RAM2114 在电路中的作用。

（2）分析电路的工作过程。

（3）列出存入数据与地址码。

（4）叙述读写操作步骤。

预习要求

（1）了解随机存储器的基本工作原理及外引脚的功能。

（2）熟悉 74LS273、74LS244 的功能和使用方法。

（3）熟悉实验原理及内容。

思考题

（1）RAM2114 有 10 个地址输入端，实验时仅用了其中一部分，不用的地址输入端应如何处理？

（2）扩充存储器容量，如何确定芯片的个数？如何连接？

实验 13 D/A 与 A/D 转换器

实验目的

（1）熟悉 D/A、A/D 转换器的工作原理。

（2）学会使用 D/A 转换器 DAC0832 和 A/D 转换器 ADC0801。

（3）学会用 DAC0832 构成阶梯波电压产生器。

实验原理

1）D/A 转换器

D/A 转换器是用来将数字量转换成模拟量的器件。其输入为 n 位二进制数，输出为模拟电压（或电流）。D/A 转换器的形式较多，在集成电路中多是采用倒置的 R-$2R$ 梯形网络。图 5-36 为一个 4 位二进制 D/A 转换器的原理电路。

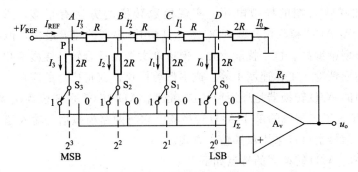

图 5-36 D/A 转换器的原理电路

它包括由数码控制的双掷开关和由电阻构成的分流网络两部分。输入二进制数的每一位对

应一个 $2R$ 电阻和一个由该位数码控制的开关。为了建立输出电流，在电阻分流网络的输入端接入参考电压 V_{REF}。当某位输入码为 0 时，相应的被控开关接通右边触点，电流 I_i（$i=0$，1，2，3）流入地；输入码为 1 时，相应的被控开关接通左边触点，电流 I_i（$i=0$，1，2，3）流入外接运算放大器。运算放大器的输出电压为

$$u_o = -\frac{V_{REF}R_f}{2^4 R}(a_3 \times 2^3 + a_2 \times 2^2 + a_1 \times 2^1 + a_0 \times 2^0)$$

若将数码推广到 n 位，可得到输出模拟量与输入数字量之间关系的一般表达式

$$u_o = -\frac{V_{REF}R_f}{2^n R}(a_{n-1} \times 2^{n-1} + a_{n-2} \times 2^{n-2} + \cdots + a_1 \times 2^1 + a_0 \times 2^0)$$

本实验选用的 D/A 转换器是 DAC0832。DAC0832 是采用 CMOS 工艺制成的单片电流型 8 位 D/A 转换器。其基本参数为单电源供电（电压为 5～15V），参考电压为 -10～$+10$V，功耗为 20mW，转换时间为 $1\mu s$。

DAC0832 的输出形式是电流，外接运算放大器后，可将其转换为电压输出。如图 5-37 所示。

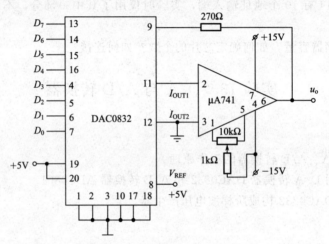

图 5-37　DAC0832 电压输出形式

2）A/D 转换器

A/D 转换器是用来将模拟量转换成数字量的器件。n 位 A/D 转换器输出 n 位二进制数，它正比于加在输入端的模拟电压。实现模数转换的方法有很多，常用的有并/串型 ADC，逐次逼近型 ADC 和双积分型 ADC 等。其中并/串型的速度最快，但成本最高，且精度较低；双积分型精度高、抗干扰能力强，但速度太慢，适合转换缓慢变化的信号；逐次逼近型有较高的转换精度、工作速度中等、成本低等优点，获得广泛的应用。

本实验选用的 A/D 转换器是通用型 ADC0801。ADC0801 是 8 位逐次逼近型的 A/D 转换器，采用 CMOS 工艺制成的单片 A/D 转换器。它有两路模拟信号输入端，可以对 0～5V 进行转换，输入信号也可以采用双端输入方式。

逐次逼近型的 A/D 转换器的特点如下：

（1）完成一次 A/D 转换所需时间等于（$n+2$）个时钟周期，n 为 A/D 转换器的位数。

（2）转换精度主要取决于比较器的灵敏度及 A/D 转换器中的 DAC 的精度。

（3）输入电压的最大值不仅与 A/D 转换器的位数有关，而且还与 DAC 的电路及参考电

压有关。

3）运算放大器

运算放大器 $\mu A741$ 是一种单片高性能内补偿运算放大器，具有较宽的共模电压范围，在使用中不会出现闭锁现象。可用作积分器、求和放大器及普通反馈放大器。

实验仪器、设备与器件

（1）电子技术综合实验箱。

（2）数字万用表。

（3）集成电路：DAC0832，ADC0801，$\mu A741$。

（4）电位器：10kΩ。

（5）发光管二极管。

（6）电阻：1kΩ、270Ω。

实验内容与步骤

1）基本内容

（1）D/A 转换。

① 按图 5-38 连接电路。首先通过逻辑开关将 $D_7 \sim D_0$ 置成 00000000，然后，用万用表测输出电压，如果输出电压为零，则进入下一步，否则，调节运算放大器的调零电位器，使输出为 0。

② 按表 5-22 中内容依次输入数字量，用数字万用表测出相应的输出电压 u_0，将结果填入表 5-22 中。表 5-22 中数据采用十六进制。另外，将实测的 V_{REF} 填入表 5-22 中。

③ 若运放不能调零，可将图 5-38 中电阻 10kΩ 短接，并直接接负电源，重测相应的输出电压 u_0，将结果填入表 5-22 中。

表 5-22　DAC0832 的实测数据

数字量（十六进制）	V_{REF}/V	u_0/V	u_0/V（运算放大器不调零）
FF			
80			
40			
20			
10			
08			
04			
02			
01			
00			

（2）A/D 转换。

① 连续转换。

按图 5-38 连接电路。时钟频率由外接电阻 R 和电容 C 决定。

$$f = \frac{1}{1.1RC} = \frac{10^9}{1.1 \times 150 \times 10} = 606(\text{kHz})$$

接通电源，由于电容 C_1 两端电压不能突变，在接通电源后 C_1 两端产生一个由 0V 按指数规律上升的电压，经7417集电极开路缓冲/驱动器整形后加给$\overline{WR}$一个阶跃信号，低电平使 ADC0801 启动，高电平对$\overline{WR}$不起作用。

启动后，ADC 对 0～5V 的输入模拟电压进行转换，一次转换完成后$\overline{INTR}$变为低电平，使$\overline{WR}=0$，ADC 重新启动，开始第二次转换。数据输出端接 LED 监视数据输出，当$D_i=0$时，LED 亮，当$D_i=1$时，LED 不亮。所以只要观察发光二极管亮灭情况就可以观察到 A/D 转换的情况。

为使 ADC0801 芯片连续不断地进行 A/D 转换，并将转换后得到的数据连续不断地通过$D_0\sim D_7$输出，$\overline{CS}$和$\overline{RD}$必须接低电平（地）。

② 单步转换。

将图 5-38 中 ADC0801 的转换启动端$\overline{WR}$通过外接电路控制，按表 5-23 输入电压，观察输出状态，并将观察到的结果填入表 5-23 中。

为了减小干扰，ADC0801 把模拟信号地与数字信号地分开，以提高 A/D 转换的精度。

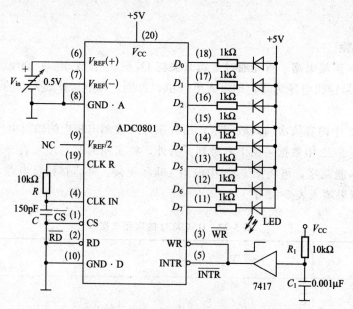

图 5-38 A/D 连续转换电路

表 5-23 A/D 转换

模拟量	0	0.75	0.15	0.31	0.625	1.25	2.5	4.98
数字量								

2）扩展内容

用 ICL7107 实现 A/D 转换，按表 5-23 输入电压，观察输出状态。

实验报告要求

整理实验数据，并与理论值比较，分析误差原因。

预习要求

（1）了解 D/A 转换器和 A/D 转换器的外引脚。

（2）复习 D/A、A/D 转换器的工作原理。

（3）设计完整的阶梯波电压产生器的电路。

思考题

（1）DAC 和 ADC 常用的有哪些？

（2）8 位 D/A 转换器，当输入二进制数为 10000000 时，其输出为多少？

实验 14　通用阵列逻辑 GAL 实现基本电路的设计

实验目的

（1）了解 GAL 器件的内部电路结构及其工作原理。

（2）掌握 GAL 器件的设计原则和一般格式。

（3）学会使用 VHDL 语言进行可编程逻辑器件的逻辑设计。

（4）掌握 GAL 的编程、下载、验证功能的全部过程。

实验原理

1）通用阵列逻辑 GAL22V10

通用阵列逻辑 GAL 是由可编程的与阵列、固定（不可编程）的或阵列和输出逻辑宏单元（OLMC）三部分构成。GAL 芯片必须借助 GAL 的开发软件和硬件，对其编程写入后，才能使 GAL 芯片具有预期的逻辑功能。GAL22V10 有 10 个 I/O 口、12 个输入口、10 个寄存器单元，最高频率为 100MHz。

ispGAL22V10 器件就是把流行的 GAL22V10 与 ISP 技术结合起来，在功能和结构上与 GAL22V10 完全相同，并沿用了 GAL22V10 器件的标准 28 脚 PLCC 封装。ispGAL22V10 的传输时延低于 7.5ns，系统速度高达 100MHz 以上，因而非常适用于高速图形处理和高速总线管理。由于它每个输出单元平均能够容纳 12 个乘积项，最多的单元可达 16 个乘积项，因而更为适用大型状态机、状态控制及数据处理、通信工程、测量仪器等领域。isp-GAL22V10 的功能框图及引脚图分别如图 5-39 和图 5-40 所示。

另外，采用 ispGAL22V10 来实现诸如地址译码器之类的基本逻辑功能是非常容易的。为实现在系统编程，每片 ispGAL22V10 需要有 4 个在系统编程引脚，它们是串行数据输入（SDI）、方式选择（MODE）、串行输出（SDO）和串行时钟（SCLK）。这 4 个 ISP 控制信号巧妙地利用 28 脚 PLCC 封装 GAL22V10 的 4 个空脚，从而使得两种器件的引脚相互兼容。系统编程电源为＋5V，无须外接编程高压。每片 ispGAL22V10 可以保证一万次在系统编程。isp-GAL22V10 的内部结构图如图 5-41 所示。

2）编译、下载源文件

用 VHDL 语言编写的源程序，是不能直接对芯片编程下载的，必须经过计算机软件对其进行编译，综合等最终形成 PLD 器件的熔断丝文件（通常叫做 JEDEC 文件，简称为 JED 文件）。通过相应的软件及编程电缆再将 JED 数据文件写入到 GAL 芯片，这样 GAL 芯片就具有用户所需的逻辑功能。

实验仪器、设备与器件

（1）计算机。

（2）电子实验箱。

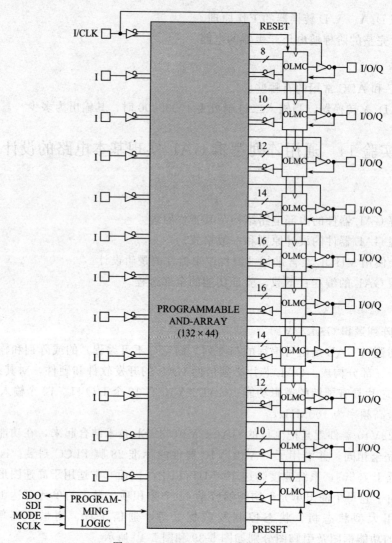

图 5-39 ispGAL22V10 功能框图

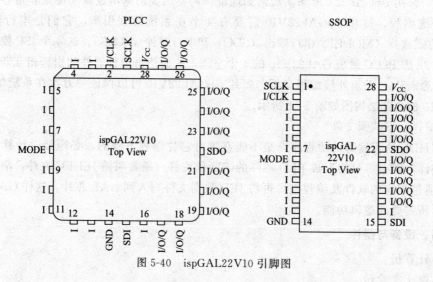

图 5-40 ispGAL22V10 引脚图

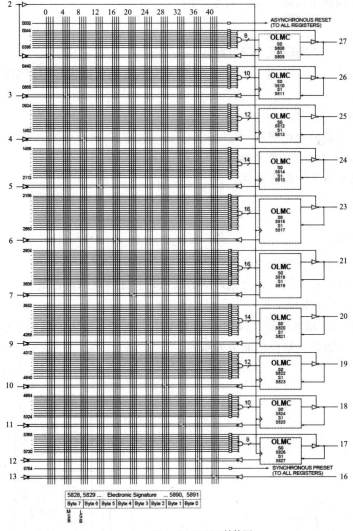

(a) ispGAL22V10结构图

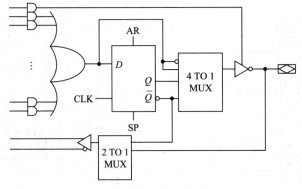

(b) 输出逻辑宏单元结构图

图 5-41   ispGAL22V10 结构图及输出逻辑宏单元结构图

（3）软件系统。

（4）通用阵列逻辑器件：ispGAL22V10C。

实验内容

1）用 GAL22V10 实现逻辑门电路

（1）根据图 5-42 所示电路，设定 GAL22V10 芯片的各输入、输出引脚并画出其引脚排列图。

（2）启动 ispLEVER。

（3）创建一个新的设计项目。

（4）VHDL 设计输入的操作步骤。

（5）仿真波形输入的操作步骤。

（6）编译源文件。

（7）仿真。

（8）在线下载。

（9）在实验箱上进行功能测试。

在实验箱上加上输入信号，测试对应的输出，验证功能是否正确。

2）GAL22V10 实现触发器

（1）根据图 5-43 所示电路，设定 GAL22V10 芯片的各输入、输出引脚并画出其引脚排列图，注意图中的置位、复位功能为同步的。

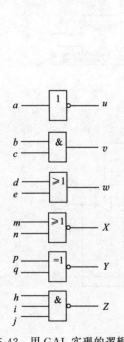

图 5-42　用 GAL 实现的逻辑门

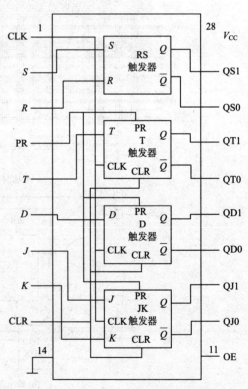

图 5-43　用 GAL 实现的触发器

（2）参考上一个实验的步骤，用 VHDL 语言编写源程序实现各种触发器，对源程序进行编译、下载。

（3）在实验箱上进行功能测试。

实验报告要求

（1）画出用 ispGAL22V10C 芯片实现逻辑门的引脚图。

（2）写出 VHDL 的源程序。

（3）打印仿真分析波形并作简要说明。

（4）写出主要的实验步骤及分析实验结果。

（5）总结实验心得体会。

预习要求

（1）预习教材中有关通用阵列逻辑 GAL 的相关内容。

（2）预习实验内容，并按指导书的要求编写 VHDL 源程序，写出预习报告。

思考题

（1）要想用 GAL16V8 实现某一逻辑电路，对 1 号和 11 号引脚有何特殊要求？

（2）GAL22V10 专用输入、输出引脚各是多少？

（3）GAL22V10 的与阵列中行线和列线各为多少？

实验 15 GAL 实现全加器和十六进制七段显示译码器

实验目的

（1）掌握 GAL 器件设计各种实用逻辑电路的设计原则和方法。

（2）进一步掌握 GAL 器件的设计、编程及下载的过程。

（3）通过对所设计电路的功能测试，验证设计的正确性。

设计任务与要求

1）基本任务与要求

（1）设计一个 1 位二进制全加器。

用 GAL 器件实现一位二进制全加器。要求写出 VHDL 语言编写源程序；画出 GAL 器件的引脚配置图。

（2）设计一个能显示 0，1，2，…，F，十六进制数的显示译码器。规定译码器的引脚如图 5-44 所示。

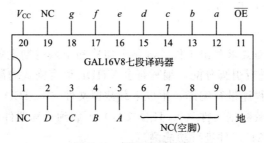

图 5-44 译码器的引脚

其中，A、B、C、D 为译码器的二进制输入，a、b、c、d、e、f、g 为译码器的输出，如 $a=0$，显示器 a 段亮；$a=1$，则 a 段灭。$\overline{OE}$ 为控制端，低有效。

2）扩展任务与要求

用 GAL 器件实现 4 位二进制全加器。

实验原理

(1) 1 位二进制全加器。1 位二进制全加器的逻辑电路、功能及逻辑表达式参见实验 4。

(2) 十六进制七段显示译码器。十六进制七段显示译码器的功能如表 5-24 所示。

表 5-24　十六进制七段显示译码器的功能表

$\overline{OE}$	A	B	C	D	$\bar{a}$	$\bar{b}$	$\bar{c}$	$\bar{d}$	$\bar{e}$	$\bar{f}$	$\bar{g}$
1	×	×	×	×	0	0	0	0	0	0	0
0	0	0	0	0	0	0	0	0	0	0	1
0	0	0	0	1	1	0	0	1	1	1	1
0	0	0	1	0	0	0	1	0	0	1	0
0	0	0	1	1	0	0	0	0	1	1	0
0	0	1	0	0	1	0	0	1	1	0	0
0	0	1	0	1	0	1	0	0	1	0	0
0	0	1	1	0	0	1	0	0	0	0	0
0	0	1	1	1	0	0	0	1	1	1	1
0	1	0	0	0	0	0	0	0	0	0	0
0	1	0	0	1	0	0	0	0	1	0	0
0	1	0	1	0	0	0	0	1	0	0	0
0	1	0	1	1	1	1	0	0	0	0	0
0	1	1	0	0	1	1	1	0	0	1	0
0	1	1	0	1	1	1	0	0	0	1	0
0	1	1	1	0	0	1	1	0	0	0	0
0	1	1	1	1	0	1	1	1	0	0	0

实验仪器、设备与器件

(1) 计算机。

(2) 编程器。

(3) 实验箱。

(4) 软件系统。

(5) 逻辑器件：GAL16V8D。

实验内容与步骤

(1) 根据基本任务与要求写出 1 位二进制全加器和十六进制七段显示译码器的表达式，按 GAL 设计一般原则进行引脚分配，编写符合 VHDL 语言格式的源程序。

(2) 对所设计的源程序进行编译，生成下载数据文件（＊.JED 文件）。

(3) 将已得到的下载数据文件（＊.JED 文件）下载到目标器件 GAL 上。

(4) 对已编程的 GAL 器件进行功能测试。

(5) 若测试结果有误，检查源程序，重复实验内容与步骤 (1)～(4)，直至无误。

（6）根据扩展任务与要求写出 4 位二进制全加器的表达式，按 GAL 设计一般原则和格式用 VHDL 语言编写源程序。并进行编译、下载及功能测试。

实验报告要求

（1）用 GAL16V8 芯片实现 1 位二进制全加器和十六进制七段显示译码器，设定各输入和输出引脚，画出引脚配置图。

（2）写出用 VHDL 语言编写源程序。

（3）写出主要的实验步骤及实验结果。

（4）总结实验中发现的问题及收获和体会。

预习要求

（1）熟悉全加器和七段显示译码器的功能。

（2）掌握 VHDL 语言的应用。

（3）预习教材中有关通用阵列逻辑 GAL 内容。

（4）按实验要求，设计源程序。

思考题

（1）与中、小规模集成电路相比，GAL 构成实用逻辑电路具有哪些优点？

（2）一个 GAL 器件在功能上可替代多少个中小规模集成电路？

第6章 数字电子技术课程设计

课程设计1 交通灯定时控制系统

设计任务

设计一个十字路口交通灯信号控制系统，要求如下：

（1）十字路口设有红、黄、绿指示灯；有数字显示通行时间，以秒为单位作减法计数。

（2）主、支干道交替通行，主干道每次绿灯亮30s，支干道每次绿灯亮20s。

（3）每次绿灯变时，黄灯先亮5s（此时另一干道上的红灯不变），指示变红灯时，黄灯先亮5s（此时另一干道上的红灯不变）。

（4）当主、支干道任意干道出现特殊情况时，进入特殊运行状态，两干道上所有车辆都禁止通行，红灯全亮，时钟停止工作。

（5）要求主、支干道通行时间及黄灯亮的时间均可在0~99s任意设定。

设计提示及参考电路

某交通灯控制系统的组成框图如图6-1所示。状态控制器主要用于记录十字路口交通灯的工作状态，通过状态译码器分别点亮相应状态的信号灯。秒脉冲发生器产生整个定时系统的时基脉冲，通过减法计数器对秒脉冲减计数，达到控制每一种工作状态的持续时间。减法计数器的回零脉冲使状态控制器完成状态转换。同时状态译码器根据系统下一个工作状态决定计数器下一次减计数的初始值。减法计数器的状态由BCD译码器译码、LED数码管显示。在黄灯亮期间，状态译码器将秒脉冲引入红灯控制电路，使红灯闪烁。

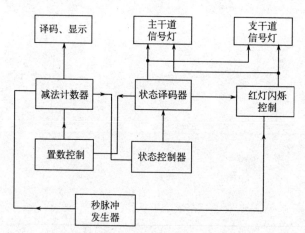

图6-1 交通灯控制系统的组成框图

1）状态控制器

根据设计要求，各信号灯的工作顺序流程如图6-2所示。信号灯4种不同的状态分别用 S_0（主绿灯亮，支红灯亮）、S_1（主黄灯亮，支红灯闪烁）、S_2（主红灯亮，支绿灯亮）、S_3（主红灯闪烁，支黄灯亮）表示，其状态编码及状态转换图如图 6-3 所示。

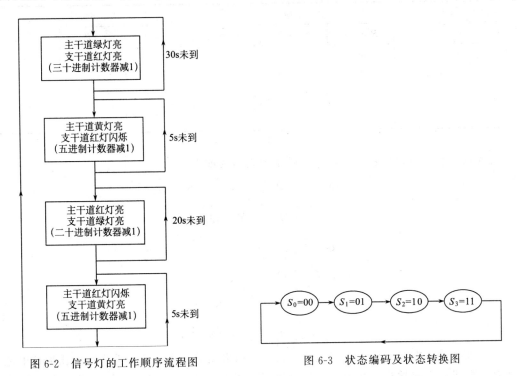

图 6-2　信号灯的工作顺序流程图

图 6-3　状态编码及状态转换图

　　显然，这是一个 2 位二进制计数器。可采用中规模集成计数器 CD4029 构成状态控制器，电路如图 6-4 所示。有关 CD4029 的管脚及功能表见附录 C。

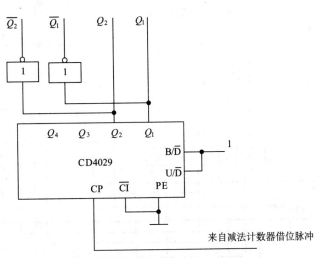

图 6-4　用 CD4029 构成状态控制器

　2）状态译码器
　　主、支干道上红、黄、绿信号灯的状态主要取决于状态控制器的输出状态。它们之间的关系如真值表 6-1 所示。对于信号灯的状态，"1" 表示灯亮，"0" 表示灯灭。

表 6-1 信号灯信号的状态表

状态控制器输出		主干道信号灯			支干道信号灯		
Q_2	Q_1	R（红）	Y（黄）	G（绿）	r（红）	y（黄）	g（绿）
0	0	0	0	1	1	0	0
0	1	0	1	0	1	0	0
1	0	1	0	0	0	0	1
1	1	1	0	0	0	1	0

根据真值表，可求出各信号灯的逻辑函数表达式如下：

$$R = Q_2 \overline{Q_1} + Q_2 Q_1 = Q_2, \quad \overline{R} = \overline{Q_2}$$

$$Y = \overline{Q_2} Q_1, \quad \overline{Y} = \overline{\overline{Q_2} Q_1}$$

$$G = \overline{Q_2} \ \overline{Q_1}, \quad \overline{G} = \overline{\overline{Q_2} \ \overline{Q_1}}$$

$$r = \overline{Q_2} \ \overline{Q_1} + \overline{Q_2} Q_1 = \overline{Q_2}, \quad \overline{r} = \overline{\overline{Q_2}}$$

$$y = Q_2 Q_1, \quad \overline{y} = \overline{Q_2 Q_1}$$

$$g = Q_2 \overline{Q_1}, \quad \overline{g} = \overline{Q_2 \overline{Q_1}}$$

现选择半导体发光二极管模拟交通灯，由于门电路的带灌电流的能力一般比带拉电流的能力强，要求门电路输出低电平时，点亮相应的发光二极管。故状态译码器的电路组成如图 6-5 所示。

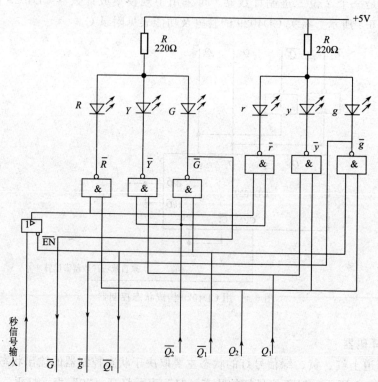

图 6-5　状态译码器的电路

根据设计要求，当黄灯亮时，红灯应按 1Hz 的频率闪烁。从状态译码器真值表中看出，黄灯亮时，Q_1 必为高电平，而红灯点亮信号与 Q_1 无关。现利用 Q_1 信号去控制一个三态门电路 74LS245（或模拟开关），当 Q_1 为高电平时，将秒信号脉冲引到驱动红灯的与非门的输入端，使红灯在黄灯亮期间闪烁；反之将其隔离，红灯信号不受黄灯信号的影响。

3）定时系统

根据设计要求，交通灯控制系统要有一个能自动装入不同定时时间的定时器，以完成 30s、20s、5s 的定时任务。

4）秒脉冲发生器

产生秒脉冲的电路有多种形式，图 6-6 是利用 555 定时器组成的秒脉冲发生器。因为该电路输出脉冲的周期为 $T \approx 0.7 (R_1 + 2R_2) C$。若 $T = 1s$，令 $C = 10\mu F$，$R_1 = 39k\Omega$，则 $R_2 \approx 51k\Omega$。取固定电阻 47k\Omega 与 5k\Omega 的电位器相串联代替电阻 R_2。在调试电路时，调节电位器 R_p，使输出脉冲周期为 1s。

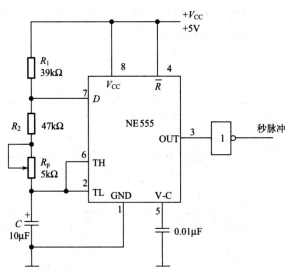

图 6-6　555 定时器组成的秒脉冲发生器

调试及设计报告要求

（1）按照设计任务及要求画出十字路口交通灯信号控制系统的电路图，列出元器件清单。

（2）在数字逻辑实验箱上插接电路。

（3）拟定测试内容及步骤，选择测试仪器，列出有关的测试表格。

（4）进行单元电路调试和整机调试。

（5）进行故障分析、精度分析，并对形图以及功能评价。

（6）写出总结报告，设计收获及体会。

课程设计 2　数字电子钟

设计任务

用中、小规模集成电路设计一台数字电子钟，基本要求如下：

（1）能显示月、日、星期、时、分、秒。

（2）具有校时功能。

（3）具有整点报时功能。

设计提示及参考电路

数字电子钟的原理框图如图 6-7 所示，该电路系统由秒信号发生器、"时、分、秒"计数器、译码器及显示器、校时电路、整点报时电路等组成。秒信号产生器是整个系统的时基信号，它直接决定计时系统的精度，一般用石英晶体振荡器加分频器来实现。将标准秒信号送入"秒计数器"，"秒计数器"采用六十进制计数器，每累计 60s 发出一个"分脉冲"信号，该信号将作为"分计数器"的时钟脉冲。"分计数器"也采用六十进制计数器，每累计 60min，发出一个"时脉冲"信号，该信号将被送到"时计数器"。"时计数器"采用二十四进制计数器，可实现对一天 24h 的累计。译码显示电路将"时"、"分"、"秒"计数器的输出状态经七段显示译码器译码，通过 6 位 LED 七段显示器显示出来。整点报时电路是根据计时系统的输出状态产生一个脉冲信号，然后去触发一个音频发生器实现报时。校时电路是用来对"时"、"分"、"秒"显示数字进行校对调整的。

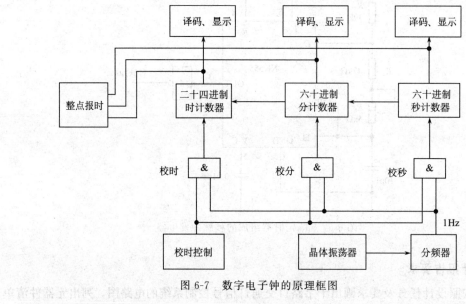

图 6-7　数字电子钟的原理框图

1）秒信号发生器

秒信号发生器是数字电子钟的核心部分，它的精度和稳定度决定了数字钟的质量，通常用晶体振荡器产生的脉冲经过整形、分频获得 1Hz 的秒脉冲。常用的典型电路如图 6-8 所示。

CD4060 是 14 位二进制计数器，其功能见附录 C。C_1 是频率微调电容，取 5/30pF，C_2 是温度特性校正用电容，一般取 20～50pF。石英晶体采用 32768Hz 晶振，若要得到 1Hz 的脉冲，则需经过 15 级二分频器完成。由于 CD4060 只能实现 14 级分频，故必须外加一级分频器，可采用 D 触发器完成。

2）秒、分、时计数器

秒、分计数器为六十进制计数器，小时计数器为二十四进制计数器。实现这两种模数的

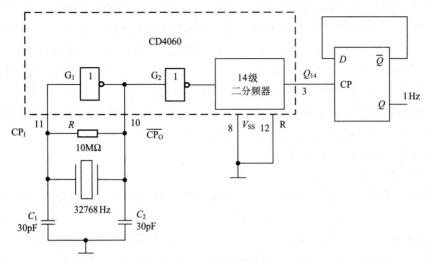

图 6-8　秒信号发生器

计数器可采用中规模集成计数器实现。

3）译码显示电路

译码电路的功能是将"秒"、"分"、"时"计数器的输出代码进行翻译,变成相应的数字。只要将"秒"、"分"、"时"计数器的每位输出分别接到相应七段译码器的输入端,便可进行不同数字的显示。

4）校时电路

数字电子钟启动后,每当显示与实际时间不符时,需要根据标准时间进行校时。简单有效的校时电路如图 6-9 所示。

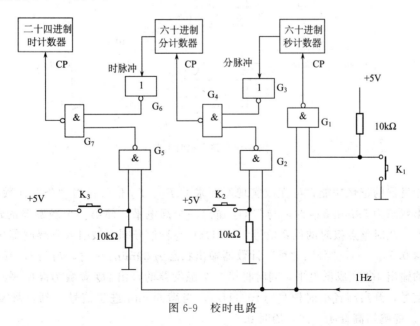

图 6-9　校时电路

校"秒"时,采用等待校时。当进行校时时,将琴键开关 K_1 按下,此时门电路 G_1 被封锁，秒信号进入不到"秒计数器"中，此时暂停秒计时。当数字钟秒显示值与标准时间秒数值相同时，立即松开 K_1，数字钟秒显示与标准时间秒计时同步运行，完成秒校时。

校"分"、"时"的原理比较简单，采用加速校时。例如，分校时使用 G_2、G_3、G_4 与非门，当进行分校时时，拉下琴键开关 K_2，由于门 G_3 输出高电平，秒脉冲信号直接通过 G_2、G_4 门电路被送到分计数器中，使分计数器以秒的节奏快速计数。当分计数器的显示与标准时间数值相符时，松开 K_2 即可。当松开 K_2 时，门电路 G_2 封锁秒脉冲，输出高电平，门电路 G_4 接受来自秒计数器的输出进位信号，使分计数器正常工作。同理，"时"校时电路与"分"校时电路工作原理完全相同。

5）整点报时电路

当计数器在每次计时到整点前 6s 时，开始报时。即当"分"计数器为 59，"秒"计数器为 54 时，要求报时电路发出一控制信号 F_1，该信号持续时间为 5s，在这 5s 内使低音信号（500Hz 左右）打开闸门，使报时声鸣叫 5 声。当计数器运行到 59min 59s 时，要求报时电路发出另一控制信号 F_2，该信号持续时间为 1s，在这 1s 内使高音信号（1000Hz 左右）打开闸门，使报时声鸣叫 1 声。根据以上要求，设计的整点报时电路如图 6-10 所示。

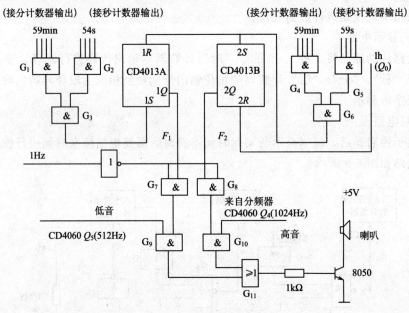

图 6-10　整点报时电路

利用触发器的记忆功能，可完成实现所要求的 F_1、F_2 信号。当"分"计数器和"秒"计数器输出状态为 59min 54s 时，与门 G_3 输出一个高电平，使第一个触发器的输出 $1Q$ 被置成高电平，此时整点报时的低音信号（512Hz）与秒信号同时被引入到蜂鸣器中，使蜂鸣器每次鸣叫 0.5s。一旦"分"、"秒"计数器输出状态为 59min 59s 时，与门 G_6 输出高电平，使触发器的输出 $1Q$ 变成低电平，同时将第二个触发器的输出 $2Q$ 置数为高电平。此时封锁报时低音信号，开启高音报时信号（1024Hz），当满 60min 进位信号一到，触发器的输出 $2Q$ 被清零。蜂鸣器高音叫一次，历时 0.5s。

调试及设计报告要求

(1) 按照设计任务及要求画出数字电子钟的电路图，列出元器件清单。

(2) 在数字逻辑实验箱上插接电路。

(3) 拟定测试内容及步骤，选择测试仪器，列出有关的测试表格。

(4) 进行单元电路调试和整机调试。

(5) 进行故障分析，精度分析，并对波形图以及功能评价。

(6) 写出总结报告，设计收获及体会。

课程设计 3　数字电子秤

设计任务

用大规模集成电路设计一个数字电子秤，基本要求如下：

测量范围：0～1.999kg，0～19.99kg，0～199.9kg，0～1999kg。

设计提示及参考电路

数字电子秤通常由 5 个部分组成：传感器、信号放大器、模数转换器（A/D）、显示器和量程切换电路。其原理框图如图 6-11 所示。

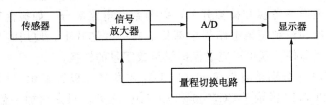

图 6-11　数字电子秤原理框图

电子秤的测量过程是通过传感器将被测物体的重量转换成电压信号输出，放大器把来自传感器的微弱信号放大，放大后的电压信号经过模数转换把模拟量转换成数字量，数字量通过数字显示器显示重量。由于被测物体的重量相差较大，根据不同的重量可以通过量程切换电路选择不同的量程、显示器的小数点对应不同的量程显示。

1）传感器

电子秤传感器的测量电路通常使用电桥测量电路，它将应变电阻值的变化转换为电压或电流的变化。这就是可用的输出信号。

电桥电路由四个电阻组成，如图 6-12 所示，桥臂是电阻 R_1、R_2、R_3 和 R_4，对角点 A 与 B 接电源电压 V_+，C 与 D 接负载或者放大器，桥臂电阻为应变电阻。

电桥平衡时，$R_1R_4 = R_2R_3$，则测量对角线 CD 上的输出电压为零，当传感器受到外界物体重量影响时，电桥的桥臂电阻值发生变化，电桥失去平衡，则测量对角线 CD 上有输出。若传感器元件为应变片，该输出值即反映应变片电阻值的变化，应变电

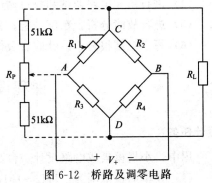

图 6-12　桥路及调零电路

阻变化一般很微小，故电桥输出需要接放大器，这时放大器的输入阻抗也就成了电桥的负载，一般放大器输出阻抗较电桥的内阻要高得多。

电子秤的传感器在不加负荷时，桥路的电阻应平衡，也就是电桥初始平衡状态输出应为零，但实际上桥路各臂阻值不可能绝对相同，接触电阻及导线电阻也有差异，致使输出不为零。因此，必须设置调零电路，使初始状况达到平衡，即输出为零。通常使用的调零电路是图 6-12 中的虚线连接部分，通过调节可变电阻使电桥平衡，输出为零。

2）放大器

电子秤的放大器是把传感器输出的弱信号放大，放大的信号应能满足模数转换的要求，$3\frac{1}{2}$ 位 CMOS 单片 A/D 转换器 CC7106/7 的输入量应是 0～1.999V。

3）模数转换及显示系统

传感器的输出信号放大后，通过模数转换器把模拟量转换成数字量，再由显示器显示。

由于大规模集成电路的广泛应用，$3\frac{1}{2}$ 位和 $4\frac{1}{2}$ 位 A/D 转换已运用于各种测量系统。显示系统有由发光二极管（LED）组成的和液晶显示屏（LCD）型的。

$3\frac{1}{2}$ 位 CMOS 单片 A/D 转换器 CC7106/7、CC7116/7 和 CC7126 都是双积分型的 A/D 转换器，这些单片 A/D 转换器是大规模集成电路，将模拟部分电路，如缓冲器、积分器、电压比较器、正负电压参考源和模拟开关，以及数字电路部分，如振荡器、计数器、锁存器、译码器、驱动器和控制逻辑电路等全部集成在一片芯片上，使用时只需外接少量的电阻、电容元件和显示器件，就可以完成模拟量至数字量的转换。

CC7106 和 CC7107 分别是液晶显示（LCD）和发光二极管显示（LED）的 A/D 转换器。CC7116 以及 CC7117 区别于 CC7106 和 CC7107 之处，只是增加了数据保持（HOLD）功能，同时在电路外部引出端去除了低参考（REFLO）端，通过芯片内部连线直接将 REFLO 端连到模拟公共端 COM。其中 CC7116 为液晶显示，CC7117 为发光二极管显示；CC7126 是低功耗液晶显示的 A/D 转换器，其功耗小于 1mW，而 CC7106 的功耗小于 10mW。上述几种 A/D 转换器的电路结构和工作原理大同小异。

调试及设计报告要求

（1）按照设计任务及要求画出数字电子秤的电路图，列出元器件清单。

（2）在数字逻辑实验箱上插接电路。

（3）拟定测试内容及步骤，选择测试仪器，列出有关的测试表格。

（4）进行单元电路调试和整机调试。

（5）进行故障分析，精度分析，并对形图以及功能评价。

（6）写出总结报告，设计收获及体会。

课程设计 4　数字频率计

设计任务

用中、小规模集成电路设计一台数字频率计，基本要求如下：

（1）频率测量范围为：1Hz～1MHz。

（2）测量信号：方波、正弦波、三角波。

（3）测量信号幅度：0.5～5V。

（4）量程分为三挡：×10、×1、×0.1。

设计提示及参考电路

数字频率计实际上就是一个脉冲计数器，即在单位时间里（如 1s）所统计的脉冲个数。图 6-13 是数字频率计原理框图。该系统主要由输入整形电路、晶体振荡器、分频器及量程选择开关、门控电路、逻辑控制电路、闸门、计数译码显示电路等组成。首先，把被测信号（以正弦波为例）通过放大、整形电路将其转换成同频率的脉冲信号，然后将它加到闸门的一个输入端。闸门的另一个输入信号是门控电路发出的标准脉冲，只有在门控电路输出高电平时，闸门被打开，被测量的脉冲通过闸门进入到计数器进行计数。门控电路输出高电平的时间 T 是非常准确的，它由一个高稳定的石英振荡器和一个多级分频器及量程选择开关共同决定。逻辑控制电路是控制计数器的工作顺序的，使计数器按照一定的工作程序进行有条理的工作（例如，准备→计数→显示→清零→准备下一次测量）。

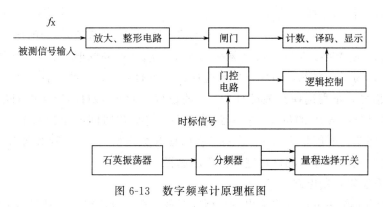

图 6-13　数字频率计原理框图

1）放大整形电路

对于输入幅度比较小的正弦波信号，要测量其频率大小，首先要进行放大整形，变换成同频方波信号。实现此功能的电路如图 6-14 所示。信号首先经过两只二极管 D_1、D_2 进行输入嵌位限幅，然后通过两级三极管组成的共射极放大器进行放大，待放大到足够的幅度后送至施密特触发器整形，从而可得到上、下沿非常陡峭的脉冲。

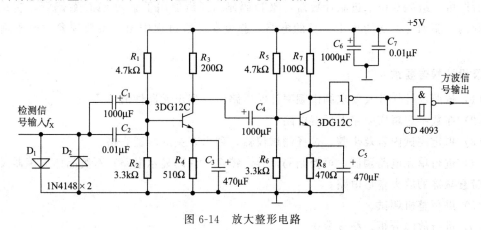

图 6-14　放大整形电路

2）石英晶体振荡器

为了得到高精度、高稳定度的时基信号，需要有一个高稳定度的高频信号源。产生此信号的电路如图 6-15 所示。图中 R_F 为反馈电阻，为门电路提供合适的工作点，使其工作在线性状态。电容 C 是耦合电容。石英晶体选用 10MHz 晶体，该电路的振荡频率为 10MHz。

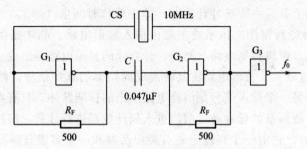

图 6-15　石英晶体振荡器

3）分频器及量程选择

分频器是由多级计数器完成，目的是得到不同的标准时基信号：10Hz、1Hz、0.1Hz。至于量程选择，主要是根据输入信号频率的大小，选择不同的时基信号。例如，对于小于 100Hz 的信号，为了提高测量精度，量程选择开关可打在 ×0.1 的位置；对于 100Hz＜f＜1kHz 的输入信号，量程选择开关可打在 ×1 的位置；对于 1kHz＜f＜1MHz 的输入信号，量程选择开关可打在 ×10 的位置。在电路处理上，将单位时间缩小为 0.1s，其量程值为数显值 ×10；若将单位时间扩大为 10s，则量程值变为数显值 ×0.1。所以选用 0.1s、1s、10s 三挡作为脉冲输入的门控时间，可完成量程的选择。

4）门控及逻辑控制电路

在时标脉冲的作用下，首先输出一个标准时间（如 1s），在这个时间内，计数器记录下输入脉冲的个数，然后逻辑控制电路发出一个锁存保持信号，使记录下的脉冲个数被显示一段时间，以便观察者看清并记录下来，接下来逻辑控制电路输出一个清零脉冲，使计数器的原记录数据被清零，准备下次计数。

5）计数、译码、显示电路

根据设计任务要求最大输入信号频率为 1MHz，最大量程扩展 ×10，故选用 6 位 LED 数码管即可。组成 6 位十进制计数器，BCD 码显示译码器用于驱动 LED 数码管，它是将锁存、译码、驱动三种功能集于一身的电路。避免在计数过程中出现跳数现象，便于观察和记录。

调试及设计报告要求

（1）按照设计任务及要求画出频率计的电路图，列出元器件清单。

（2）在数字逻辑实验箱上插接电路。

（3）拟定测试内容及步骤，选择测试仪器，列出有关的测试表格。

（4）进行单元电路调试：可控制的计数、锁存、译码显示电路；石英晶体振荡器及分频器；带衰减器的放大整形电路。

（5）进行整机调试。

（6）进行故障分析，精度分析。

（7）写出总结报告，设计收获及体会。

课程设计 5 公用电话计时器

设计任务

用中、小规模集成电路设计一个公用电话计时器，基本要求如下：

（1）首次 3min 计时一次，之后每分钟计时一次。

（2）显示通话次数，最多为 99 次。

（3）每次定时误差小于 1s。

（4）具有手动复位功能。

（5）具有声响提醒功能。

设计提示及参考电路

公用电话计时器的原理图如图 6-16 所示，主要有标准信号源、分频器、3min 定时器、计数器译码显示电路、声响提醒电路等组成。当按下复位按键时，复位电路保证定时电路及计数器同时清零，此时显示通话次数为零。当松开复位按键时，计时开始，此时由标准信号发生器产生的 $f_0 = 32768\mathrm{Hz}$ 信号经过十二级分频得到 $f_0 = 8\mathrm{Hz}$ 的脉冲输入定时器，选用 $f_0 = 8\mathrm{Hz}$ 的原因是考虑到设计要求定时精度所选定的。定时器的功能按设计要求定时输出脉冲，该脉冲被送到计数译码显示电路，便可显示出通话次数；同时该脉冲被送到声响提醒电路，可控制声响时间及声调，实现声响提醒功能。

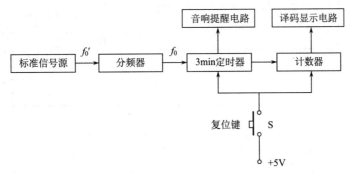

图 6-16 公用电话计时器的原理图

1）标准信号源

产生脉冲信号的电路非常多，如由集成门电路构成的多谐振荡器、由 555 定时器组成的方波发生器等。由于标准信号源要求频率稳定性及输出信号精度比较高，故采用由晶体元件组成的多谐振荡器。

由于石英晶体的选频特性非常好，只有其串联谐振频率的信号最容易通过，而其他频率会被晶体大大衰减，所以电路在满足振荡的条件下，其输出频率仅取决于晶体的标称频率，与其他元件参数无关。

2）分频器

由于石英晶体的频率比较高，为了得到低频信号且又能满足定时要求的脉冲，可采用二进制计数器进行分频。n 位二进制计数器的最高位输出信号的频率 f_n 与计数脉冲频率 f_{cp} 的

关系为 $f_n = \dfrac{f_{cp}}{2^n}$。

3）定时器

定时器是本系统的关键。n 位二进制计数器的输出状态与计数脉冲的个数关系为

$$(N)_D = 2^{n-1} \cdot Q_{n-1} + 2^{n-2} \cdot Q_{n-2} + \cdots + 2^0 \cdot Q_0$$

因为输入脉冲的周期 $T_0 = 1/f_0$，则定时为 3min 即 180s 所需输入脉冲的个数 N 为

$$N = \frac{180}{T_0} = 180 f_0 = 180 \times 8 = 1440（个）$$

又因为

$$(N)_D = (1440)_D = (10110100000)_B$$

即要求计数器的模等于 1440，利用反馈清零法，可设计出该电路。电路如图 6-17 所示。当计数器累计到 1440 个脉冲时，G_1 输出为 1，G_2 输出为 0，G_3 被置为 1。一旦计数器的 C_r 端为高电平，其输出立即被清零，由于 G_2、G_3 组成的触发器具有记忆功能，故 G_3 输出不变。当 f_0 上升沿到来时，G_3 输出为 0，计数器的清零信号解除。可见 G_3 输出的信号 f_T 是周期为 3min，输出高电平为 1/16s 的窄脉冲。二极管 D_1 的作用见复位电路。同理，可以实现输出的信号 f_T 是周期为 1min 的脉冲。

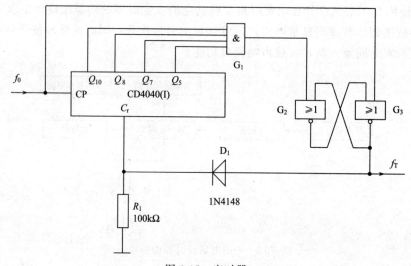

图 6-17 定时器

4）通话次数计数显示电路

通话次数计数显示电路可采用中规模集成计数器、译码器及显示器组成。通过 LED 数码管显示出通话次数。

5）复位电路

根据设计要求，在每次通话之前一定要清零。当复位按键按下时，定时电路和通话次数计数电路均被清零。电路如图 6-18 所示。当 S（复位开关）按下时，+5V 电源同时加到 3min 定时器的清零端和通话计数器的置数端，使其强迫清零。

6）声响提醒电路

该电路的主要功能是每到一个 3min，提醒通话者一下，提醒时间为 5s。

实现此功能可用单稳态触发器加多谐振荡器完成。利用 555 定时器组成的电路如图 6-19 所示。根据定时时间的要求，可确定电阻 R_1、电容 C_1。因为 $T_0 = 1.1R_1C_1$，$T_0 = 5s$，取 $C_1 = 10\mu F$，可得 $R_1 = 4.7k\Omega$。取振荡频率 $f = 500Hz$，$R_2 = 200\Omega$，$C_2 = 0.1\mu F$。

因为

$$f \approx \frac{1.43}{R_3 + 2R_2}$$

所以

$$R_3 \approx \frac{1.43}{fC_2} - 2R$$

取 $R_3 = 27k\Omega$。

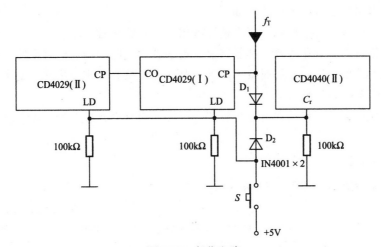

图 6-18 复位电路

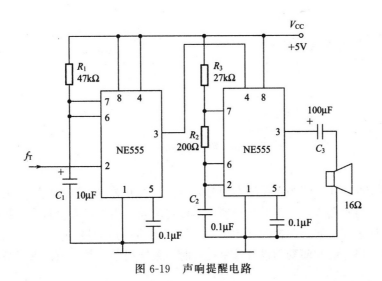

图 6-19 声响提醒电路

调试及设计报告要求

（1）按照设计任务及要求画出公用电话计时器的电路图，列出元器件清单。

(2) 在数字逻辑实验箱上插接电路。

(3) 拟定测试内容及步骤，选择测试仪器，列出有关的测试表格。

(4) 进行单元电路调试。

(5) 进行整机调试。

(6) 进行故障分析，精度分析。

(7) 写出总结报告，设计收获及体会。

课程设计 6　数字抢答器

设计任务

设计一个多路数字抢答器，要求如下：

(1) 可同时供八个选手使用，每个选手各用一个抢答按键。

(2) 抢答器具有抢答序号锁定和数字显示抢答者序号的功能，同时配有声音提示。

(3) 主持人发出抢答命令同时按下启动定时开关。抢答者听到抢答开始命令后，通过各自的按键开关输入抢答信号。

(4) 对犯规抢答者（包括提前抢答和超时抢答）除有声光报警外，还有显示抢答犯规者序号的功能。

设计提示及参考电路

数字抢答器组成框图如图 6-20 所示。

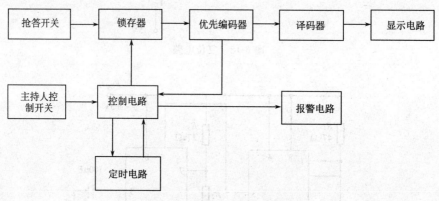

图 6-20　数字抢答器组成框图

定时抢答器的工作过程为：接通电源时，主持人将开关置于清除位置，抢答器处于禁止工作状态，编号显示器灭灯，定时显示器显示设定时间。当主持人宣布抢答题目后，说一声"抢答开始"，同时将控制开关拨到开始位置，扬声器给出声响提示，抢答器处于工作状态，定时器倒计时。当定时时间到却没有选手抢答时，系统报警，并封锁输入电路，禁止选手超时后抢答。

1) 抢答电路设计

抢答电路的功能有两个：一是能分辨出选手按键的先后，并锁存优先抢答者的编号，送给译码显示电路；二是要使其他选手随后的按键操作无效。选用优先编码器 74LS148 和锁存器 74LS373 可以完成上述功能，其电路组成如图 6-21 所示。

2）控制电路设计

控制电路是抢答器设计的关键，它要完成以下功能：

（1）主持人将控制开关拨到"开始"位置时，扬声器发声，抢答电路和定时电路进入正常抢答工作状态。

（2）当参赛选手按动抢答键时，扬声器发声，抢答电路和定时电路停止工作。

（3）当设定的抢答时间到，无人抢答时，扬声器发声，同时抢答电路和定时电路停止工作。

3）报警电路设计

由 555 定时器和三极管构成的报警电路如图 6-21 所示。其中 555 构成多谐振荡器，其输出信号经三极管推动扬声器。

4）整机电路设计

数字抢答器整机电路如图 6-21 所示。

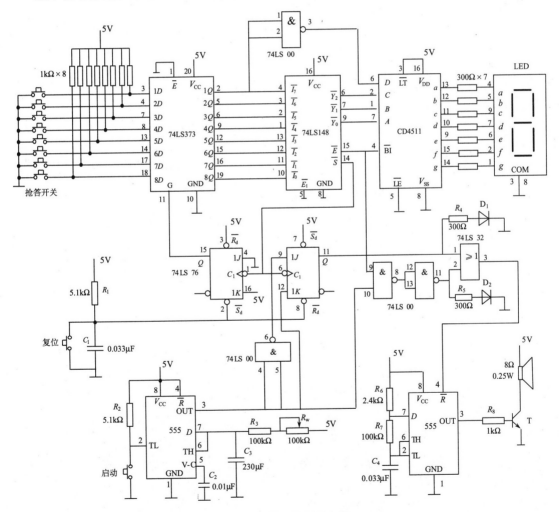

图 6-21　数字抢答器电路

调试及设计报告要求

（1）按照设计任务及要求画出数字抢答器的电路图，列出元器件清单。

（2）在数字逻辑实验箱上插接电路。

（3）拟定测试内容及步骤，选择测试仪器，列出有关的测试表格。

（4）进行单元电路调试和整机调试。

（5）进行故障分析，精度分析，并对形图以及功能评价。

（6）写出总结报告，设计收获及体会。

附录 A 电子技术综合实验箱的介绍与基本操作

1. 电子技术综合实验箱简介

THDZ-1 型电子技术综合实验箱是一款综合性的实验教学仪器。实验操作方便、结构新颖、资源丰富、扩展性强、能够充分满足电子技术实验教学需求。本实验箱由模拟电路实验板、数字电路实验板、单级放大电路扩展板、集成电路运算放大器扩展板组成。

2. 电子实验板主要功能

1）数字电路实验板

数字电路实验板如图 A-1 所示。

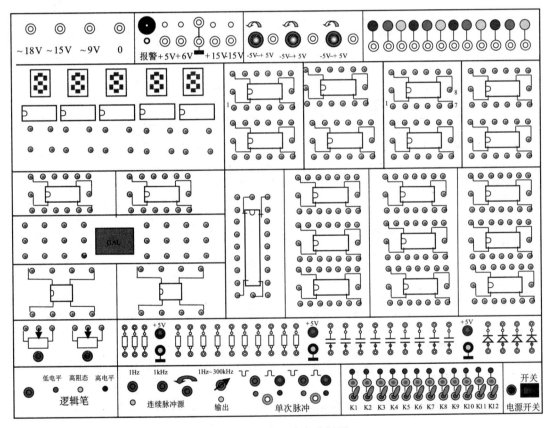

图 A-1 数字电路实验板图

（1）12 位逻辑电平开关：用于为实验提供所需的逻辑电平，当开关上置时对应红色发光二极管亮，插孔输出高电平，当开关下置时对应红色发光二极管灭，插孔输出低电平。

（2）12 位彩色发光二极管：用于实验过程中输出电平状态指示，当输入插孔输入高电平时，所对应的发光二极管点亮，输入插孔接低电平或悬空时，则不亮。

（3）数码管：具有 5 位共阴极数码管，配有 74LS248 译码器，无信号输入时，各段均处于"灭"状态。输入数字 0～9 的 BCD 码，则有相应的显示。

（4）电位器：具有两只 10kΩ 多圈电位器，功率为 2W，误差±3％。

（5）单次脉冲源（两路）：每按一次单脉冲按钮，在其输出插孔分别送出正、负单次脉冲信号。4 个插孔均有发光二极管指示。1～300kHz 为可调脉冲，具有输出指示灯（黄），当频率在 40Hz 以下时能看到随输出频率闪烁。

（6）三态逻辑笔：用于逻辑电平检测，可显示"高电平"、"低电平"、"高阻态"三种状态，分别用红、绿、黄三种发光二极管指示。

（7）连续脉冲源：其中 1Hz、1kHz 为标准脉冲，频率误差小于 0.3％，幅值 5V±0.5V，1Hz 具有指示灯（黄），正常应按照 1Hz 频率闪烁。

（8）ispGAL22V10：Lattice 器件的在系统编程是借助 ispVM System 软件来实现的。ispVM System 软件集成在 ispLEVER 软件中。

2）模拟电路实验板

模拟电路实验板如图 A-2 所示。

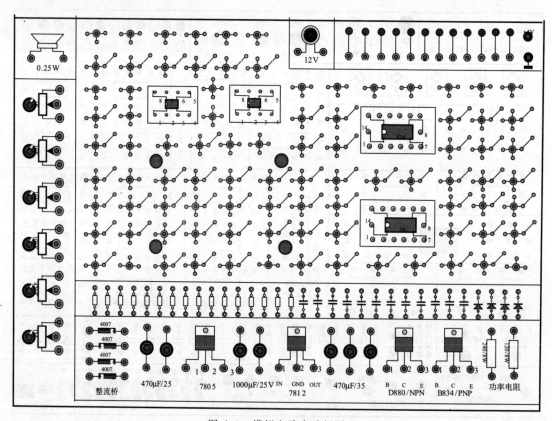

图 A-2　模拟电路实验板图

模拟电路实验板包括主板和扩展板，当用扩展板实验时，可将其插在主板的四个绿色插孔处。

（1）指示灯：共 12 个，全部为红色。使用时需要用导线将＋5V、GND 接入本单元的电源插孔处。

（2）信号灯：信号灯额定电压为 12V。

（3）扬声器：功率 0.25W，内阻 8Ω。

（4）电位器：共设有 1kΩ、10kΩ（两只）、100kΩ、470kΩ、1MΩ 电位器，其中 1kΩ、10kΩ 为多圈精密电位器，误差±10％，适用于做精细调节；100kΩ、470kΩ、1MΩ 为碳膜电位器，误差±20％适合做粗调。

3. 使用注意事项

（1）实验前应先检查各电源是否正常。

（2）接线前务必熟悉实验板上各元器件的功能、参数及其接线位置，要熟悉各集成电路插脚引线的排列方式及接线位置。

（3）接线完毕，检查无误后，方可通电。严禁带电插拔芯片。

（4）实验板上要保持清洁，不可随意放置杂物，特别是导电的工具和多余的导线等，以免发生短路故障。

（5）实验完毕，要关闭电源，拆除连接的导线。

附录 B 常用电子元器件的识别与简单测试

任何电子电路都是由电子元器件组成的，而常用电子元器件有电阻器、电容器、电感器和半导体器件。只有了解电子元器件的性能、结构及其主要参数，才能正确地选择和使用这些元器件。

常用电子元器件外形图如图 B-1 所示。

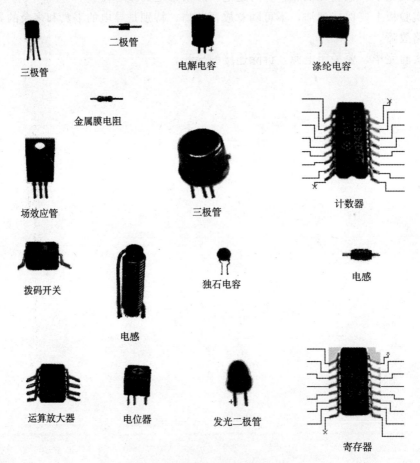

二极管

三极管

电解电容

涤纶电容

金属膜电阻

场效应管

三极管

计数器

拨码开关

独石电容

电感

电感

运算放大器

电位器

发光二极管

寄存器

图 B-1 常用电子元器件外形图

1. 电阻器、电容器、电感器的识别与简单测试

1）电阻器

电阻器按结构分为固定式和可变式两大类。固定式电阻一般称为"电阻"。可变式电阻分为电位器和滑线式变阻器，其中应用最广泛的是电位器。

（1）电阻。

电阻按制作材料和工艺不同可分为膜式电阻、实芯式电阻、合金电阻和敏感电阻四种类型。

① 膜式电阻。膜式电阻包括：碳膜电阻（RT）、金属膜电阻（RJ）、合成膜电阻（RH）和氧化膜电阻（RY）等。

② 实芯式电阻。实芯式电阻包括：有机实芯电阻（RS）和无机实芯电阻（RN）。

③ 合金电阻。合金电阻包括：线绕电阻（RX）和精密合金箔电阻。

④ 敏感电阻。敏感电阻包括：光敏电阻（MG）和热敏电阻（MF）。

（2）电位器。

电位器是一种具有三个接头的可变电阻器，其阻值可在一定范围内连续可调。电位器按材料不同可分为薄膜和线绕两种类型。薄膜又分为小型碳膜电位器（WTX）、合成碳膜电位器（WTH）、精密合成膜电位器（WHJ）、多圈合成膜电位器（WHD）和有机实芯电位器（WS）等。线绕电位器（WX）的误差一般不大于±10%。薄膜电位器的误差一般不大于±2%。

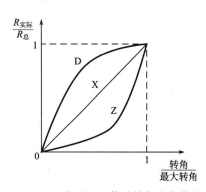

图 B-2　电位器电阻值随转角变化曲线

按调节机构的运动方式不同可分为旋转式和直滑式。

按结构不同可分为单联、多联、带开关、不带开关等。

按用途不同可分为普通电位器、精密电位器、功率电位器、微调电位器和专用电位器。

按电阻值随转角变化关系不同可分为直线式（X）、对数式（D）和指数式（Z），电阻值随转角变化曲线如图 B-2 所示。

常用电位器的外形及符号如图 B-3 所示。

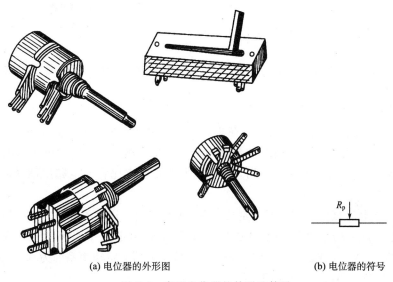

(a) 电位器的外形图　　　　　　(b) 电位器的符号

图 B-3　常用电位器的外形及符号

（3）电阻器的型号命名。

根据国家标准 GB2470—81 的规定，电阻和电位器的型号由四部分组成，各部分的代号及意义如表 B-1 所示。

表 B-1　电阻和电位器的型号表

第一部分		第二部分		第三部分		第四部分
用字母表示主称		用字母表示材料		用数字或字母表示类型		用数字表示序号
符号	意义	符号	意义	符号	意义	
R	电阻	T	碳膜	1，2	普通	包括：
W	电位器	P	硼碳膜	3	超高频	额定功率
		U	硅碳膜	4	高阻	标称阻值
		C	沉积膜	5	高温	允许误差
		H	合成膜	7	精密	精度等级
		I	玻璃釉膜	8	电阻-高压	
		J	金属膜		电位器-特殊函数	
		Y	氧化膜	9	特殊	
		S	有机实心	G	高功率	
		N	无机实心	T	可调	
		X	线绕	X	小型	
		R	热敏	L	测量用	
		G	光敏	W	微调	
		M	压敏	D	多圈	

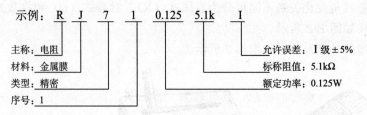

示例：　R　J　7　1　　0.125　5.1k　I

主称：电阻　　　　　　　　　　　允许误差：I 级 ±5%
材料：金属膜　　　　　　　　　　标称阻值：5.1kΩ
类型：精密　　　　　　　　　　　额定功率：0.125W
序号：1

由此可见，这是一个精密金属膜电阻，其额定功率为 1/8W，标称电阻值为 5.1kΩ，允许误差为 ±5%。

（4）电阻器的主要性能指标。

① 额定功率：电阻器的额定功率是在规定的环境温度和湿度下，假定周围空气不流通，在长时间工作时，电阻器上允许消耗的最大功率。当超过额定功率时，电阻器的阻值将发生变化，甚至发热烧毁。为保证安全使用，一般选其额定功率比它在电路中消耗的功率高 1～2 倍。

额定功率一般是直接标注的，但额定功率在 1W 以下时，通常不标注。电阻器的额定功率是采用标准化的额定功率系列值，其中线绕电阻器的额定功率系列为 0.05W、0.125W、0.5W、1W、2W、4W、8W、10W、16W 等；非线绕电阻器额定功率系列为 0.05W、0.125W、0.25W、0.5W、1W、2W、5W、10W 等。

② 标称阻值：标称阻值是产品标志的"名义"阻值，其单位为欧（Ω）、千欧（kΩ）及兆欧（MΩ）。标称阻值系列如表 B-2 所示。

任何固定电阻器的阻值都应符合表 B-2 中所列数值乘以 $10^n\,\Omega$，其中 n 为整数。

表 B-2　标称电阻值

允许误差	系列代号	标称阻值系列/W
±5%	E24	1.0　1.1　1.2　1.3　1.5　1.6　1.8　2.0　2.2　2.7 3.0　3.3　3.6　4.3　4.7　5.1　5.6　6.2　6.8　7.5　8.2　9.1
±10%	E12	1.0　1.2　1.5　1.8　2.2　2.7　3.3　3.9　4.7　5.6　6.8　8.2
±20%	E6	1.0　1.5　2.2　3.3　4.7　6.8

③ 允许误差：允许误差是指电阻器实际阻值对于标称阻值的最大允许偏差范围。它表示产品的精度。电阻器的阻值和误差，一般常用标印在电阻器上，但对于体积较小的小功率电阻器，一般用色环表示电阻器的阻值和误差。普通电阻器大多采用四个色环表示其阻值和允许偏差，第一、二环表示有效数字，第三环表示倍率（乘数），第四环表示允许偏差；精密电阻器采用五个色环表示其阻值和允许偏差，第一、二、三环表示有效数字，第四环表示倍率（乘数），第五环表示允许偏差。色环表示电阻器的阻值和误差的标注图如图 B-4 所示。各位色环代表的意义如表 B-3 所示。

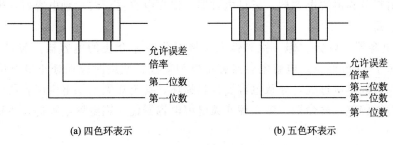

(a) 四色环表示　　　　　　　　　(b) 五色环表示

图 B-4　电阻器的阻值和误差的标注图

示例 1：一个四环标注的电阻，其色环为：蓝、灰、橙、金，则电阻值为：$68 \times 10^3 \Omega$，允许误差为：±5%。

示例 2：一个五环标注的电阻，其色环为：棕、绿、黑、红、棕，则电阻值为：$150 \times 10^2 \Omega$，允许误差为：±1%。

表 B-3　色环代表的意义

颜色	有效数字	倍率（乘数）	允许误差（%）
黑	0	10^0	
棕	1	10^1	±1
红	2	10^2	±2
橙	3	10^3	
黄	4	10^4	
绿	5	10^5	±0.5
蓝	6	10^6	±0.25
紫	7	10^7	±0.1
灰	8	10^8	
白	9	10^9	
金			±5
银			±10
无色			±20

（5）电阻器的简单测试。

测量电阻的方法有用欧姆表、电阻电桥或数字欧姆表直接测量法；还有根据欧姆定律 $R=U/I$，通过测量电阻上的压降 U 和流过电阻的电流 I 来间接测量电阻值。

当测量精度要求不高时，采用欧姆表直接测量电阻。现以 MF-20 型万用表为例，介绍测量电阻的方法。首先将万用表的功能选择波段开关置 Ω 挡，量程波段开关置合适挡，然后将两根测试笔短接，表头指针应在 Ω 刻度线零点，若不在零点，则要调节 Ω 旋钮（零欧姆调整电位器）回零。调回零后即可把被测电阻串接于两根测试笔之间，此时表头指针偏转，待稳定后可从 Ω 刻度线上直接读出所示数值，再乘以事先所选的量程，便可得到被测电阻的阻值。当另换一量程时，必须再次短接两测试笔，重新调零。每换一量程挡，都必须调零一次。注意，在测量电阻时，不能用双手同时捏住电阻或测试笔，因为那样的话，人体电阻将会与被测电阻并联在一起，表头上指示的数值就不单单是被测电阻的阻值了。

2）电容器

电容器是一种储能元件，是电子电路中不可缺少的重要元件。

（1）电容器的分类。

按介质材料分为电解电容器、云母电容器、瓷介电容器、玻璃釉电容器、纸介电容器和有机薄膜电容器。

① 电解电容器：以铝、钽、铌和钛等金属氧化膜作介质的电容器。容量可做得很大，一般标称容量 $1\sim10000\mu F$。电解电容器有正极和负极，使用时应保证正极电位高于负极电位，否则将因为漏电流过大，导致电容器过热损坏，甚至炸裂。铝电解电容器价格便宜，容量较大，但性能较差，寿命短。钽、铌或钛电解电容器优于铝电解电容器，体积小，漏电流小，但成本高。

② 云母电容器：以云母片作介质的电容器。其耐压范围宽、可靠性高、性能稳定，但容量小（几十皮法到几百皮法），成本高。

③ 瓷介电容器：以陶瓷材料为介质的电容器。其介质损耗低，电容量对温度、频率、电压和时间的稳定性较高，且价格低，但耐压较低（一般为 $60\sim70V$），容量较小（一般为 $1\sim1000pF$）。为了克服容量小的缺点，采用铁电陶瓷和独石电容，容量分别可达 $680pF\sim0.047\mu F$ 和 $0.01\mu F$ 到几微法，但温度系数大、损耗大、容量误差大。

④ 玻璃釉电容器：以玻璃釉作介质的电容器。其具有瓷介电容器的优点，且体积比同容量的瓷介电容器小，容量范围为 $4.7pF\sim4\mu F$。

⑤ 纸介电容器：以浸蜡的纸作介质的电容器。其电极用铝箔或锡箔做成。大容量的电容器常将电容器油或变压器油注入电容器里，以提高耐压强度，被称为油浸纸介电容器。

新发展的纸介电容器用蒸发的方法使金属附着于纸上作为电极，因此体积大大缩小，称为金属化纸介电容器，其性能与纸介电容器相仿，但它有一个最大的特点是，被高压击后，有自愈作用，即电压恢复正常后仍能工作。

⑥ 有机薄膜电容器：用聚苯乙烯、聚四氟乙烯或涤纶等有机薄膜代替纸介质，做成聚苯乙烯电容器、聚丙烯电容器、聚四氟乙烯电容器、涤纶电容器和聚碳酸酯电容器等。最常见的是涤纶电容器和聚丙烯电容器。涤纶电容器的体积小，容量范围大（$510pF\sim5\mu F$），耐热、耐潮性能好。

（2）电容器型号命名。

根据国家标准 GB2470—81 的规定，电容器的型号由四部分组成，各部分的代号及意义如表 B-4 所示。

表 B-4　电容器型号的代号及意义

第一部分		第二部分		第三部分		第四部分
用字母表示主称		用字母表示材料		用字母表示特征		用字母或数字表示序号
符号	意义	符号	意义	符号	意义	
C	电容器	C	瓷介	T	铁电	包括:
		I	玻璃釉	W	微调	额定工作电压
		O	玻璃膜	J	金属化	标称电容值
		Y	云母	X	小型	允许误差
		V	云母纸	S	独石	标准代号等
		Z	纸介	D	低压	
		J	金属化纸介	M	密封	
		B	聚苯乙烯	Y	高压	
		F	聚四氟乙烯	C	穿心式	
		L	涤纶			
		S	聚碳酸酯			
		Q	漆膜			
		H	纸膜复合			
		D	铝电解			
		A	钽电解			
		G	金属电解			
		N	铌电解			
		T	钛电解			
		M	压敏			
		E	其他材料电解			

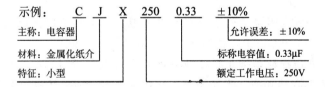

示例：　C　J　X　250　0.33　±10%
主称：电容器
材料：金属化纸介
特征：小型
额定工作电压：250V
标称电容值：0.33μF
允许误差：±10%

（3）电容器的主要性能指标。

① 电容量：电容量是指电容器加上电压后储存电荷的能力。常用单位是：法拉（F），微法拉（μF）和皮法拉（pF）。

一般，电容器上直接标出其电容值。也有的是用数字来标志的，其第一、第二位为有效数字，第三表示倍率（乘数），单位为 pF，如标有"334"的电容器，其电容值为 33×10^4 pF。

② 标称电容量：标称电容量是标志在电容器上的"名义"电容量。我国固定式电容器标称电容量系列 E24、E12、E6，如表 B-5 所示。

固定电容器的容值都应符合表 B-5 中所列数值乘以 10^n F，其中 n 为整数。

表 B-5 标称电容量

E24	E12	E6	E24	E12	E6
1.0	1.0		3.3	3.3	3.3
1.1			3.6		
1.2	1.2		3.9	3.9	
1.3			4.3		
1.5	1.5	1.5	4.7	4.7	4.7
1.6			5.1		
1.8	1.8		5.6	5.6	
2.0			6.2		
2.2	2.2	2.2	6.8	6.8	6.8
2.4			7.5		
2.7	2.7		8.2	8.2	
3.0			9.1		

③ 允许误差：允许误差是实际电容量对于标称电容量的最大偏差范围。固定电容器的允许误差分 8 级，如表 B-6 所示。

表 B-6 允许误差等级

级别	01	02	I	II	III	IV	V	VI
允许误差	±1%	±2%	±5%	±10%	±20%	−30%～+20%	−20%～+50%	−10%～+100%

④ 额定电压：额定电压是电容器在规定的工作温度范围内，长期、可靠地工作所能承受的最高电压。额定电压系列随电容器种类不同而有所不同。常用固定式电容器的直流额定电压系列为：6.3V、10V、16V、25V、40V、63V、100V、160V、250V 和 400V。额定电压通常直接标在电容器上。

⑤ 绝缘电阻：绝缘电阻是加在电容器的直流电压与通过它的漏电流的比值，有时称为漏电阻。一般应在 5000MΩ 以上，优质电容器可达 10^6 MΩ 级。

⑥ 介质损耗：介质损耗是指介质缓慢极化和介质电导所引起的损耗。通常用损耗功率（有功功率）与电容器存储功率（无功功率）之比来表示，即损耗角的正切 tanδ。

（4）电容器的简单测试。

一般使用万用表的欧姆挡就可以简单地测量出电容器的好坏，辨别其漏电、容量衰减或失效情况。对于电解电容器，首先选用万用表的"$R\times 1k$"或"$R\times 100$"挡，然后将黑表笔接电容器的正极，红表笔接电容器的负极，若表针摆动大，且返回慢，返回位置接近∞，说明该电容器正常；若表针摆动虽大，但返回位置对应的阻值较小，说明该电容器漏电流大；若表针摆动很大，且不返回，说明该电容器已击穿；若表针不摆动，说明该电容器已开路，失效。对于其他类型的电容器，上述方法仍适用。但当电容器的容量较小时，应选用万用表的"$R\times 10k$"挡进行测量。测量时，一定要将电容器放电。

如果要求更精确的测量，可以用交流电桥和 Q 表（谐振法）来测量，这里不作介绍。

3）电感器

电感器一般由线圈构成，通常在线圈中加入软磁性材料的磁芯。

（1）电感器的分类。

按电感量是否可调分为固定电感器、可变电感器和微调电感器。

可变电感器的电感量 L 可利用磁芯在线圈内移动来调整，也可在线圈上安装一个滑动的接点来调整。

微调电感器可以满足整机调试的需要和补偿电感器生产中的分散性，一次调好后，一般不再变动。

除此之外，还有一些小型电感器，有色码电感器、平面电感器和集成电感器。

（2）电感器的主要性能指标。

① 电感量：电感量是指电感器通过变化电流时产生感应电动势的能力。其大小与磁芯材料的磁导率 μ、线圈单位长度中的匝数 n 以及体积 V 有关。当线圈的长度远大于其直径时，电感量为：$L = \mu n^2 V$。

常用单位是亨利（H）、毫亨（mH）、微亨（μH）。

② 品质因数：品质因数是反应电感器传输能量的能力。品质因数越大，传输能量的能力越大，即损耗越小。一个线圈的品质因数 Q 为

$$Q = \frac{\omega L}{R}$$

其中，ω 为角频率；L 为线圈电感量；R 为线圈电阻。一般要求品质因数为 50～300。

③ 额定电流：额定电流主要对高频电感器和大功率调谐电感器而言。通过电感器的电流超过额定值时，电感器将发热，甚至烧坏。

（3）电感器的简单测试。

测量电感的方法与测量电容的方法相似，也可以用电桥法、谐振回路法。常用测量电感的电桥有海氏电桥和麦克斯韦电桥。这里不作详细介绍。

2. 半导体元件识别与简单测试

1）半导体二极管

半导体二极管是组成分立元件电子电路的核心元件之一。按其用途可分为普通二极管和特殊二极管。

（1）普通二极管。

普通二极管一般有玻璃封装和塑料封装两种，其外壳上均印有型号和标记，各部分的代号及意义如表 B-7 所示。标记箭头所指方向为阴极，有的二极管上只有一个色点，有色点的一端为阳极。

若型号标记不清，可以用万用表的欧姆挡判别。下面以 MF-20 型万用表为例介绍判别方法。根据 PN 结正向导通电阻值小，反向截止电阻值大的原理来简单确定二极管的电极。具体做法：先将万用表的欧姆挡置 "$R \times 100$" 或 "$R \times 1k$" 处，然后将红、黑两表笔接触二极管两端，表头有一指示；再将红、黑两表笔反过来接触二极管两端，表头又有一指示，若两次指示的阻值相差很大，说明该二极管性能良好，并且阻值大的那次红表笔所接为二极管的阳极；若两次指示值相差很小，说明该二极管已失去单向导电性；若两次指示的阻值均很大，则说明该二极管开路。

表 B-7 半导体器件型号的代号及意义

第一部分		第二部分		第三部分		第四部分	第五部分
数字，表示器件的电极数目		字母，表示器件材料和极性		字母，表示器件类别		数字，表示器件序号	字母，表示规格
符号	意义	符号	意义	符号	意义	意义	意义
2	二极管	A	N 型锗材料	P	普通管	反映了极限参数、直流参数和交流参数等的差别	反映了承受反向击穿电压的程度。规格分为 A、B、C、D，其中 A 承受反向击穿电压最低，B 次之，依此类推
		B	P 型锗材料	V	微波管		
		C	N 型硅材料	W	稳压管		
		D	P 型硅材料	C	参量管		
3	三极管	A	PNP 型锗材料	Z	整流管		
		B	NPN 型锗材料	L	整流堆		
		C	PNP 型硅材料	S	隧道管		
		D	NPN 型硅材料	N	阻尼管		
		E	化合物材料	U	光电器件		
				K	开关管		
				X	低频小功率管①		
				G	高频小功率管		
				D	低频大功率管		
				A	高频大功率管		
				T	半导体闸流管		
				Y	体效应器件		
				B	雪崩管		
				J	阶跃恢复管		
				CS	场效应器件		
				BT	半导体特殊器件		
				FH	复合管		
				PIN	PIN 管		
				JG	激光器件		

①三极管的 $f_a < 3MHz$ 时称为低频管，$f_a \geq 3MHz$ 时称为高频管；$P_c < 1W$ 时称为小功率管，$P_c \geq 1W$ 时称为大功率管。

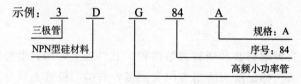

示例：　3　　D　　G　　84　　A
　三极管
　NPN型硅材料
　　　　　　　　　　　规格：A
　　　　　　　　　　　序号：84
　　　　　　　　　　　高频小功率管

（2）特殊二极管。

特殊二极管的种类较多，常用的有发光二极管、稳压二极管、光电二极管和变容二极管。

① 发光二极管：发光二极管通常是用砷化镓、磷化镓等制成的。与普通二极管一样具有单向导电性，正向导通时发光。发光的颜色有红、绿、黄等。发光二极管的形状有圆形和长方形，发光二极管的管脚引线不一样长，通常较长的引线为阳极；较短的引线为阴极，如图 B-1 所示。它具有工作电压低、损耗小、响应速度快、抗冲击、耐振动、性能好等特点，被广泛用于单个显示电路或做成七段矩阵式显示器。而在数字电路实验中，常用做逻辑显

示器。

若辨别不出引线长短，则可以用普通二极管辨别阴、阳极的方法来辨别。

发光二极管正向工作电压一般在 1.5～3V，允许通过的电流为 2～20mA，电流的大小决定发光亮度。

② 稳压二极管：稳压二极管简称稳压管，是面接触型硅二极管，结构和一般二极管相同，不同的是稳压管可在反向击穿区工作，输出稳定的直流电压。稳压管有玻璃、塑料封装和金属封装，如图 B-5 所示。其中玻璃、塑料封装的稳压管外形与普通二极管相似；金属封装的稳压管外形与小功率三极管相似，但内部为双稳压管。

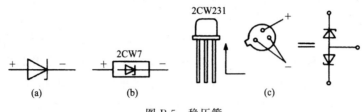

图 B-5　稳压管

稳压管的稳定电压有三种方法确定：根据稳压管的型号查手册；在晶体管测试仪上测出其伏-安特性曲线；通过简单实验测得。实验电路如图 B-6 所示。改变直流电源电压，使之由零开始逐渐增加，同时用直流电压表监测，当电源电压增加到某一值时，电压表指示某一电压值，之后，再增加电源电压，稳压管两端电压不再变化，则电压表所指示的电压值就是该稳压管的稳定电压。

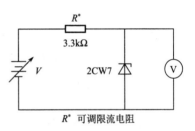

图 B-6　测定稳定电压的实验电路

③ 光电二极管：光电二极管是一种将光信号转换成电信号的半导体器件。其管壳上备有一个玻璃窗口，当有光照时，光电二极管的反向电流随着光照强度的增加而正比上升。

光电二极管可用于光的测量。当制成大面积光电二极管时，可作为一种能源，即光电池。

④ 变容二极管：变容二极管是一种结电容随反向电压的增加而减少的半导体器件。

变容二极管主要用于高频技术中。

2）半导体三极管（晶体管）

（1）半导体三极管的分类。

半导体三极管亦称双极型三极管，按结构工艺分有 NPN 型，PNP 型；按制造材料分有锗管，硅管；按工作频率分有低频管，高频管，微波管，按允许耗散功率分有小功率管，大功率管。常见的半导体三极管有金属外壳封装和塑料外壳封装，如图 B-7 所示。

三极管的管脚必须正确安装，否则，接入电路后不但不能正常工作，还可能烧坏管子。

（2）半导体三极管的主要参数。

① 电流放大系数：电流放大系数是指输出电流与输入电流的比值。共射极电流放大系数 β，一般为 20～200。

② 反向击穿电压 $U_{(BR)CEO}$：反向击穿电压是指基极断开时，集电极与发射极之间的击穿电压。一般为几十伏。

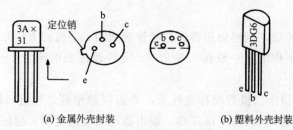

(a) 金属外壳封装   (b) 塑料外壳封装

图 B-7 三极管的外壳封装

③ 最大集电极电流 I_{CM}：最大集电极电流是指由于三极管集电极电流过大使 β 下降到规定允许值时的电流。

④ 最大管耗 P_{CM}：最大管耗是由三极管允许的最高结温而确定的集电极最大允许耗散功率。在实际工作中三极管的 I_C 与 U_{CE} 的乘积要小于 P_{CM}，否则可能烧坏管子。

⑤ 穿透电流 I_{CEO}：穿透电流是指三极管的基极断开时，流过集电极的电流。小功率硅管的穿透电流约为 $0.1\mu A$，锗管的穿透电流比硅管的大 1000 倍。大功率硅管的穿透电流约为毫安数量级。

⑥ 特征频率 f_T：特征频率是指三极管的电流放大系数 β 下降到 1 时所对应的工作频率。特征频率的典型值为 $100\sim1000MH_z$，实际工作频率 $f<\frac{1}{3}f_T$。

（3）半导体三极管的识别与简单测试。

当三极管上没有标记时，可以用万用表确定三极管的类型、三个电极（b、c、e），并且判断三极管的好坏。

① 判断三极管的基极和其类型。

将万用表欧姆挡置"$R\times100$"或"$R\times1k$"处，假设三极管的某极为"基极"，并将黑表笔接在假设的基极上，再将红表笔先后接到其余两个电极上，如果两次测得的电阻值都很大（或都很小），为几千欧到十几千欧（或几百欧到几千欧），而对换表笔后测得的两个电阻的阻值都很小（或都很大），则可确定假设的基极是正确的。如果两次测得的电阻值是一大一小，则可肯定原假设的基极是错误的，这时就必须重新假设另一电极为"基极"再重复上述的测试。最多重复两次就可找出真正的基极。

当基极确定以后，就可确定三极管的类型。将黑表笔接基极，红表笔分别接其他两极。若测得的电阻值都很小，则该管为 NPN 型管；反之为 PNP 型管。

② 判断三极管的集电极和发射极。

对于 NPN 型管，把黑表笔接到假设的集电极上，红表笔接到假设的发射极上，同时用手捏住基极和集电极，读出电阻值，如图 B-8 所示。然后将红、黑两表笔对换，再读出电阻值。如果第一次读出的电阻值比第二次小，则说明原假设成立，即黑表笔所接为集电极，红表笔为发射极。

对于 PNP 型管，把红表笔接到假设的集电极上，黑表笔接到假设的发射极上，同时用手捏住基极和集电极，读出电阻值；然后将红、黑两表笔对换，再读出电阻值。如果第一次读出的电阻值比第二次小，则说明原假设成立，即红表笔所接为集电极，黑表笔为发射极。

上面介绍的是比较简单的测试方法，只能做简单的测试，要想精确测试可以借助晶体管图示仪。晶体管图示仪能十分清晰地显示出三极管的输入特性和输出特性曲线以及电流放大

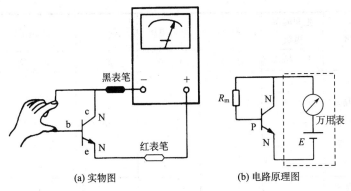

(a) 实物图　　　　　(b) 电路原理图

图 B-8　判断三极管的集电极和发射极的原理图

系数等。

3）场效应管

场效应管是一种电压控制电流的元件。其特点是输入电阻极高、噪声系数低、受温度和辐射小。因而特别适用于高灵敏度、低噪声电路中。

（1）场效应管的分类。

场效应管亦称单极型三极管，按结构分有结型、绝缘栅型；按导电沟道分有 N 沟道、P 沟道。

（2）场效应管主要参数。

① 跨导（互导）g_m：是指输出电流与输入电压变化量之比。用来衡量场效应管的控制能力。一般在十分之几至几毫安/伏的范围内。

② 夹断电压 U_P：是指输出电流接近于零时的栅源电压。

③ 直流输入电阻 R_{GS}：是指栅源之间的电压与栅极电流之比。一般在 $10^6 \Omega$ 以上。

④ 漏源击穿电压 $U_{(BR)DS}$：是指在增加过程中使漏极电流突然增加时的漏源电压。

常用场效应管及其主要参数如表 B-8 所示。

（3）场效应管的识别与简单测试。

结型场效应管可用万用表定性地检查管子的好坏。测量时，可按一般测试二极管那样先分别测试栅源、栅漏两个 PN 结；再测漏源间的电阻值，一般为几千欧。绝缘栅型场效应管不能用万用表检测，必须用测试仪，而且要在接入测试仪后才能去掉各极短路线。取下时应先短路后取下。同时测试仪应有良好的接地。

表 B-8　常用场效应管及其主要参数

型号	类型	饱和漏源电流	夹断电压	开启电压	跨导	直流电阻	最大漏源电压
		I_{DSS}/mA	U_P/V	U_T/V	g_m	R_{GS}/Ω	$U_{(BR)DS}$/V
3DJ6D		<0.35			300		
E	结型场效应管	0.3~1.2			500		
F		1~3.5	<|−9|			≥10^8	>20
G		3~6.5			1000		
H		6~10					

型号	类型	饱和漏源电流	夹断电压	开启电压	跨导	直流电阻	最大漏源电压
		I_{DSS}/mA	U_P/V	U_T/V	g_m	R_{GS}/Ω	$U_{(BR)DS}/V$
3D01D		<0.35					
E	MOS场效	0.3~1.2	<|−4|		>1000	≥10^9	>20
F	应管N沟	1~3.5					
G	道耗尽型	3~6.5	<|−9|				
H		6~10					
3D06A	MOS场效 应管N沟	≤10		2.5~5	>2000	≥10^9	>20
B	道增强型			<3			
3C01	MOS场效 应管P沟 道增强型	≤10		|−2|~|−6|	>500	10^8~10^{11}	>15

3. 集成电路

1) 集成电路的型号命名

集成电路现行国家标准，器件的型号由五部分组成，其每部分的符号及意义如表 B-9 所示。

表 B-9　集成电路的型号及每部分的符号及意义

第一部分		第二部分		第三部分		第四部分		第五部分	
字母，表示器件符合国标		字母，表示器件的类型		数字，表示器件的系列和品种代号		字母，表示器件的工作温度范围		字母，表示器件的封装类型	
符号	意义	符号	意义	符号	意义	符号	意义	符号	意义
C	中国制造	T	TTL 电路	(TTL器件)		C	0~70℃	F	多层陶瓷扁平
		H	HTL 电路	54/74×××	国际通用系列	G	−20~70℃	B	塑料扁平
		E	ECL 电路	54/74H×××	高速系列	L	−25~85℃	H	黑瓷扁平
		C	CMOS 电路	54/74L×××	低功耗系列	E	−40~85℃	D	多层陶瓷双列直插
		M	存储器	54/74S×××	肖特基系列	R	−55~85℃	J	黑瓷双列直插
		μ	微型机电路	54/74LS×××	低功耗肖特基系列	M	−55~125℃	P	塑料双列直插
		F	线性放大器	54/74AS×××	先进肖特基系列			S	塑料单列直插
		W	稳压器	54/74ALS×××	先进低功耗肖特基系列			T	金属圆壳
		D	音响、电视电路	54/74F×××	高速系列			K	金属菱形
		B	非线性电路	(CMOS器件)				C	陶瓷芯片载体(CCC)
		J	接口电路	54/74HC×××	高速 CMOS，输入输出 CMOS 电平			E	塑料芯片载体(PLCC)
		AD	A/D 转换器	54/74HCT×××	高速 CMOS，输入 TTL 电平，输出 CMOS 电平			G	网格针栅阵列(PGA)
		DA	D/A 转换器					SOIC	小引线封装
		SC	通信专用电路	54/74HCU×××	高速 CMOS，不带输出缓冲级			PCC	塑料芯片载体封装
		SS	敏感电路	54/74AC×××	改进型高速 CMOS			LCC	陶瓷芯片载体封装
		SW	钟表电路	54/74ACT×××	改进型高速 CMOS，输入 TTL 电平，输出 CMOS 电平				
		SJ	机电仪表电路						
		SF	复印机电路						

示例：低功耗肖特基 TTL 十进制计数器 CT74LS160CJ

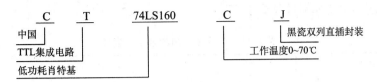

2）集成电路的分类

集成电路按制造工艺分有半导体集成电路、薄膜集成电路、混合集成电路；按功能分有模拟集成电路、数字集成电路；按集成度分有小规模集成电路（SSI）、中规模集成电路（MSI）、大规模集成电路（LSI）、超大规模集成电路（VLSI）；按外形分有圆形、扁形、双列直插形。

目前，已经成熟的集成逻辑技术主要有三种：TTL 逻辑、CMOS 逻辑、ECL 逻辑。TTL 逻辑的系列产品很多，有速度及功耗折中的标准型；有改进型、高速的标准肖特基型；有改进型、高速及低功耗的低功耗肖特基型。CMOS 逻辑的特点是功耗低，工作电源电压范围较宽，速度快。ECL 逻辑的最大特点是工作速度高。TTL 逻辑、CMOS 逻辑和 ECL 逻辑电路的有关参数如表 B-10 所示。

表 B-10　TTL、CMOS 和 ECL 逻辑电路的有关参数

电路种类	工作电压/V	功耗/mW	延时/ns	"扇出"系数
TTL 标准	+5	10	10	10
TTL 标准肖特基	+5	20	3	10
TTL 低功耗肖特基	+5	2	10	10
ECL 标准	−5.2	25	2	10
ECL 高速	−5.2	40	0.75	10
CMOS	+5~15	μW 级	ns 级	50

3）集成电路外引脚的识别

引脚排列的一般规律为：圆形集成电路，面向引脚正视，从定位销顺时针方向依次为 1、2、3、4、…，如图 B-9（a）所示；扁平和双列直插形集成电路，将文字符号标记正放（有的集成电路上有一圆点或旁边有一缺口作为标记的，将圆点或缺口置于左方），由顶部俯视，从左下脚起，按逆时针方向依次为 1、2、3、4、…，如图 B-9（b）所示。

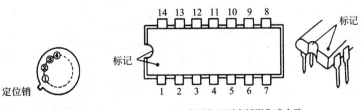

(a) 圆形集成电路　　　　　(b) 扁平和双列直插形集成电路

图 B-9　集成电路外引脚图

4. 实验室常用的电子元器件

实验室常用的电子元器件见表 B-11。

表 B-11　实验室常用的电子元器件

序号	器件名称	型号	序号	器件名称	型号
1	电阻	1/8W10Ω-1MΩ	36	2 输入四异或门	74LS86
2	电位计	100kΩ	37	4 位量值比较器	74LS85
3	电容	0.01μF-1μF	38	双 J-K 触发器	74LS107
4	电解电容	22μ, 33μ, 100μF	39	带清除端三态缓冲门	74LS125
5	二极管	1N4001	40	3-8 线译码器	74LS138
6	二极管	1N4007	41	10-4 线优先编码器	74LS147
7	二极管	2AP9	42	8-3 线优先编码器	74LS148
8	发光二极管	Φ3 红、绿、黄	43	8 选 1 数据选择器	74LS151
9	双向稳压管	2DW7C	44	4-16 线译码器	74LS154
10	三极管	9012, 9015	45	同步十进制计数	74LS160, 162
11	三极管	9013, 9014	46	4 位二进制计数器	74LS161, 163
12	集成功率放大器	LM384	47	同步可逆计数器	74LS190, 191
13	光电耦合管	TIL113	48	同步可逆双时钟计数器	74LS192, 193
14	场效应管	3DJ6, 3DJ7	49	4 位双向移位寄存器	74LS194
15	三端稳压器	7805	50	可预置计数器/锁存器	74LS196
16	三端稳压器	7905	51	八缓冲器（原码输出）	74LS244
17	2 输入四正与非门	74LS00	52	八总线收发器	74LS245
18	集电极开路与非门	74LS01	53	八 D 型触发器	74LS273
19	2 输入四正或非门	74LS02	54	三态八 D 型透明锁存器	74LS373
20	六反相器	74LS04	55	数模转换器	DAC0832
21	2 输入四正与门	74LS08	56	模数转换器	ADC0809
22	3 输入三正与非门	74LS10	57	4K 静态 RAM	2114
23	4 输入二正与非门	74LS20	58	12 位二进制计数器	CD4040
24	4 输入二正与门	74LS21	59	14 位二进制计数器	CD4060
25	3 输入三正或非门	74LS27	60	同步可逆计数器	CD4510
26	八输入正与非门	74LS30	61	BCD-7 段码驱动器	CD4511
27	2 输入四正或门	74LS32	62	单运算放大器	μA741　LF356
28	4-10 线译码器	74LS42	63	双运算放大器	LM358
29	BCD-七段码/驱动	74LS47	64	四位运算放大器	LM324
30	BCD-七段码/驱动	74LS48	65	集成电路定时器	NE555
31	双与或非门	74LS51	66	通用阵列逻辑	GAL16V8
32	四路与或门	74LS54	67	三位半 AD 转换驱动	CC7107
33	双 D 正触发器	74LS74	68	数码管共阴	LG5011AH
34	双 J-K 触发器	74LS76	69	数码管共阳	TOS5010BH
35	4 位二进制全加器	74LS83	70	蜂鸣器、喇叭	

附录 C　常用芯片的识别与引脚排列

1. 实验芯片简述

实验中经常使用集成电路，遇到各种门电路、逻辑和组合电路，触发器电路计数器电路，移位寄存器等电路的使用，在使用这些电路时带来了与识别相关的一些问题。国外集成电路制造厂商各有一套编制产品型号的专门方法，并不统一，我们仅仅可以找出一定规律性的东西作为参考。产品型号通常由词首〈前缀〉、基号〈基本编号〉和词尾〈后缀〉三部分组成，各代表不同的含义。以德克萨斯仪器公司生产的集成电路产品 SN74S138J 为例，其中词首 SN 说明该器件是德克萨斯仪器公司生产的标准电路，74 代表其工作温度范围为 0～70℃，138 就是常说的基本型号，通俗称为 138 译码器，词尾中的 J 代表其封装为陶瓷双列直插式。如果在 138 的前边、后边再有其他的符号和数字时则有可能是说明速度、性能、筛选等级、特殊参数等内容。又如，已知集成电路的型号 CD4072BD 是美国无线电公司生产的，而它的含义则根据美国无线电公司的定义解释为 CD 为数字集成电路，4072 就是常说的型号，通俗称为双或非门，B 表示改进型，D 陶瓷双列直插式。要了解它的电学特性、内部结构、外部形状和管脚排列情况时就需要查该公司的产品目录〈手册〉或查阅有关为集成电路产品型号编制的数据手册等资料。为使学生能认识集成电路基本引脚排列规律和芯片的功能，给出一般芯片的管脚排列顺序，以 74LS00 引脚排列为例，这种集成芯片中内含 4 个独立的与非门，每个与非门有两个输入端，一个输出端，其引脚排列如图 C-1 所示。这是一片 2 输入 4 与非门，封装在一个小长方体的陶瓷外壳中，有规律地排列每个门的输入端与输出端的引出脚，要学会识别出引出脚定义的标号，其方法为引脚朝下正面放置，芯片左边有一半圆缺口，半圆缺口正下方有一个定位标志点，这个标志点下边对应的是芯片第一引脚，然后按照逆时针顺序数引脚从 1 数到 14。以第一个门为例，1、2 引脚是第一个与非门的两个输入端，3 引脚是该与非门的输出端……7 引脚是接地端，14 引脚是电源端，电源一般接 +5V。详细

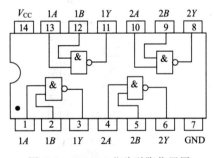

图 C-1　74LS00 芯片引脚位置图

如图 C-1 所示，另外有时实验也采用其他系列的集成电路如 4000 系列等，这些集成电路与 TTL 集成电路相比仅仅在参数和性能上有差别，在逻辑功能上和封装引脚模式上无差别，实验使用时要辨认清楚型号，弄懂对应型号的逻辑关系所对应的引脚排列编号再进行使用。

2. 实验常用芯片电路引脚排列

常用芯片电路引脚排列如图 C-2 所示。

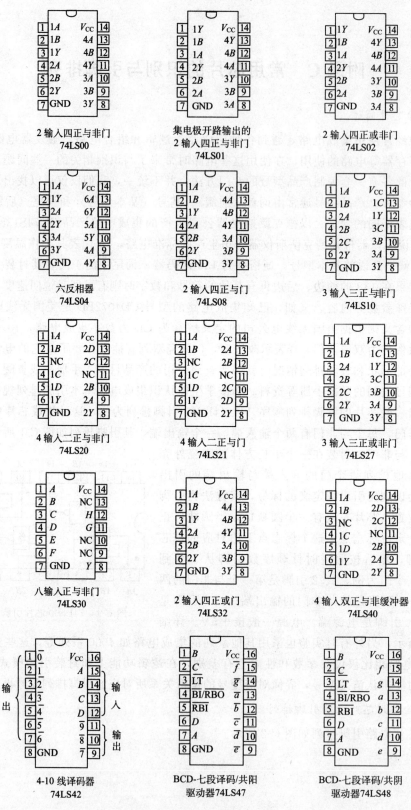

图 C-2　常用芯片电路引脚排列

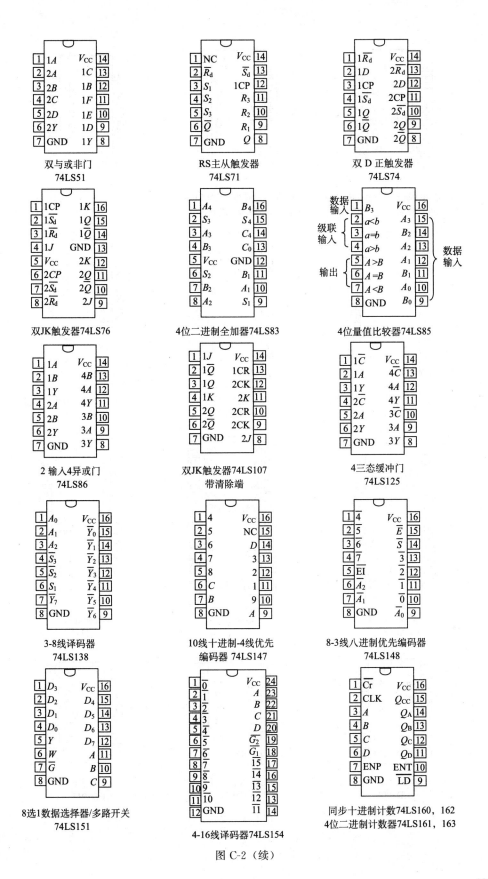

双与或非门
74LS51

RS主从触发器
74LS71

双 D 正触发器
74LS74

双JK触发器74LS76

4位二进制全加器74LS83

4位量值比较器74LS85

2 输入4异或门
74LS86

双JK触发器74LS107
带清除端

4三态缓冲门
74LS125

3-8线译码器
74LS138

10线十进制-4线优先
编码器 74LS147

8-3线八进制优先编码器
74LS148

8选1数据选择器/多路开关
74LS151

4-16线译码器74LS154

同步十进制计数74LS160，162
4位二进制计数器74LS161，163

图 C-2（续）

同步加/减十进制计数器74LS190
4位二进制加/减计数器74LS191

同步可逆双时钟计数器74LS192
74LS193（BCD二进制带清除端）

四位双向通用移位寄存器
74LS194

八缓冲器（原码三态输出）
74LS244

八双向总线收发器
74LS245

三态输出八 D 型透明锁存器
74LS373

数模转换器
DAC0832

模数转换器
ADC0809

4K静态RAM
2114

2输入4或门
CD4001

2输入4与非门
CD4011

双D触发器
CD4013

图 C-2（续）

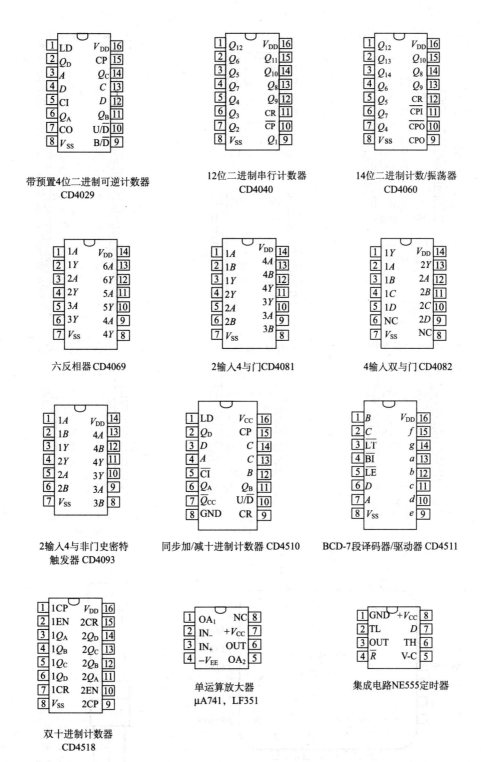

带预置4位二进制可逆计数器
CD4029

12位二进制串行计数器
CD4040

14位二进制计数/振荡器
CD4060

六反相器 CD4069

2输入4与门 CD4081

4输入双与门 CD4082

2输入4与非门史密特
触发器 CD4093

同步加/减十进制计数器 CD4510

BCD-7段译码器/驱动器 CD4511

双十进制计数器
CD4518

单运算放大器
μA741，LF351

集成电路NE555定时器

图 C-2（续）

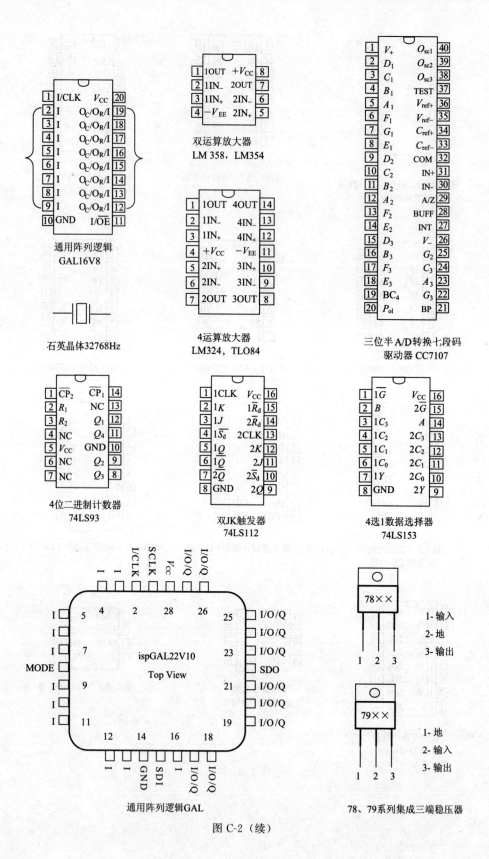

通用阵列逻辑
GAL16V8

石英晶体32768Hz

双运算放大器
LM 358，LM354

4运算放大器
LM324，TLO84

三位半A/D转换七段码
驱动器 CC7107

4位二进制计数器
74LS93

双JK触发器
74LS112

4选1数据选择器
74LS153

通用阵列逻辑GAL
ispGAL22V10
Top View

78、79系列集成三端稳压器

78××
1- 输入
2- 地
3- 输出

79××
1- 地
2- 输入
3- 输出

图 C-2（续）

参 考 文 献

陈大钦. 2000. 电子技术基础实验. 北京：高等教育出版社.

陈鸿茂，于洪珍. 1991. 常用电子元器件简明手册. 徐州：中国矿业大学出版社.

高吉祥，易凡. 2002. 电子技术基础实验与课程设计. 北京：电子工业出版社.

和德林，等. 1990. 最新简明中外集成电路互换型号手册. 北京：电子工业出版社.

李晶皎，王文辉. 2012. 电路与电子学. 4 版. 北京：电子工业出版社.

李景宏，马学文. 电子技术实验教程. 沈阳：东北大学出版社.

李景宏，王永军. 2012. 数字逻辑与数字系统. 4 版. 北京：电子工业出版社.

李景华，杜玉远. 2005. 可编程逻辑器件与 EDA 技术. 沈阳：东北大学出版社.

庞振泰，等. 1996. CMOS 器件手册. 北京：清华大学出版社.

彭介华，等. 1997. 电子技术课程设计指导. 北京：高等教育出版社.

王澄非. 2002. 电路与数字逻辑设计实践. 南京：东南大学出版社.

王尧，等. 2000. 电子线路实践. 南京：东南大学出版社.

姚福安. 2001. 电子电路设计与实践. 济南：山东科学技术出版社.

张基温. 2001. 计算机组成原理教程题解与实验. 北京：清华大学出版社.

郑步生，吴渭. 2000. Multisim 2001 电路设计及仿真入门与应用. 北京：电子工业出版社.

朱定华. 2009. 电子电路实验与课程设计. 北京：清华大学出版社.

Neamen D A. 2003. 电子电路分析与设计. 赵桂钦，卜艳萍译. 北京：电子工业出版社.

Tektronix 公司. 2003. Tektronix 用户手册：TDS1000 和 TDS2000 系列数字存储示波器.